Inhalt

INTELLIGENT SPIELEN 4

Spielen mit dem Hund 6

Das erwartet Sie 8
Ein paar Spielregeln 9

Vor und nach den Spielen 11
Beziehungstest 11
Bindungstests 12
Intelligenztests 13

TOUCHSPIELE 14

Spiele mit Touch 16

Impulskontroll-Training 18
Lass uns Kartenspielen 20
Wo ist der Hase? 24

SCHACHTEL- UND KORKENSPIELE 26

Spiele mit viel Geschick 28
Käseschachtel und andere Schatzkisten 30
Aufräumen 32
Das Tellerspiel 34
Der Korken-Sortierer 36

PFOTEN- UND NASENSPIELE 38

Kooperation und Partnerschaft 40

Blingspiele 42
Glocke mit der Nase, Lampe mit der Pfote 44
Distanzspiele mit Glocke und Bodenlampe 46
Blingspiele verkehrt 48

GEOMETRIESPIELE 50

Kognitive Fähigkeiten 52

Formen und Farben unterscheiden 54
Formen 56
Formen und Tricks 60
Tricks 62
Farben 63
Zählen 64
Lesen 65
Links-Rechts-Spiel 66
Das Zwillinge-Spiel 68

FLASCHENSPIELE 70

Spaß mit Flaschen 72
Flaschenspiele 74
Spiele für mehrere Personen 76
Spiele in Gruppenarbeit 77

ACTIONSPIELE 78

Kombispiele mit Spaß 80
Die Motorikschleife 82
Mini-Treibball 83
Das Röhrenspiel 84
Das Sparschweinchen 85
Struppi-Ball 86
Spielemix 88

Einige Worte zum Schluss 91

SERVICE 92

INTELLIGENT SPIELEN

Spielen mit dem Hund

Mit dem Hund zu spielen, bedeutet für viele Hundehalter: Ball- und Suchspiele. Genauer betrachtet ist das aber kein Spielen MIT dem Hund.

Ball- und Suchspiele fördern die Bindung nicht

Natürlich dürfen und sollen Hunde Ball spielen. Doch bei diesen Spielen entsteht kein „Miteinander" zwischen Hund und Halter: Der Vierbeiner spielt alleine mit dem Ball, der Mensch fungiert lediglich als Wurfmaschine. Es kann passieren, dass die Fellnase nach ein paar Würfen doch lieber das Mauseloch untersucht, neben dem der Ball gelandet ist, oder dass der Halter sich einen dieser berühmt-berüchtigten „Ball-Junkies" heranzieht, die nichts anderes wollen, als Bällen hinterherzujagen.

Suchspiele haben oft einen ähnlichen Effekt, da sich der Hund, vor allem bei Futter-Suchspielen, selbst belohnt. Der Zweibeiner ist bei diesen Spielen ebenfalls außen vor, er dient nur als Futterverstecker, der Vierbeiner wird lediglich auf seine Nase reduziert. Hunde dürfen und sollen natürlich auch Such- und Nasenspiele spielen, aber nicht ausschließlich.

Die gängigen Holz-Intelligenzspiele werden schnell langweilig, da der Spiel-

Der Halter fungiert nur als Auffüller – und ist damit kein richtiger Spielpartner.

ablauf sehr starr und immer gleich ist. Auch dabei bekommt der tierische Spielpartner seine Belohnung durch das Spiel. Des Weiteren sind diese Spiele oft sperrig und schwer, was die Mobilität sehr einschränkt.

Mit diesem Buch möchte ich Ihnen Intelligenzspiele der etwas anderen Art an die Hand geben. Spiele, die Sie jederzeit, immer und überall ohne großen Platz- und Materialaufwand spielen können. Diese Intelligenzspiele fördern Vertrauen, Bindung und das Selbstbewusstsein des Hundes. Die Spielpartner, Ihr Hund und Sie, spielen effektiv miteinander und nicht jeder für sich.

Kreatives Lernsystem

In diesem Buch möchte ich Ihnen eine andere Art des Spielens vorstellen. Spielen Hunde miteinander, konnte ich noch nie beobachten, dass der eine dem anderen ein Leckerchen versteckt oder einen Ball weg wirft. Hunde spielen MITeinander, das Spielzeug ist immer im Besitz einer der Spielpartner.

Hunde werden mit den klassischen Erziehungsmethoden auf „Befehlsempfänger" reduziert. Dabei ist es so faszinierend zu beobachten, wie sie selbst denken, wenn sie einmal ohne die oft umständlichen Konditionierungsmaßnahmen, wie Markerwort, Target oder Clicker, Lösungen selbst erarbeiten dürfen. Spielen ist möglich – ohne Worte, ohne zusätzliche Hilfsmittel, einfach nur miteinander.

Hunde werden noch zu häufig auf körperliche Auslastung und/oder ihre Nase reduziert. Dabei sind sie zu so viel mehr fähig. Ich nenne als Beispiel gerne die Blindenführhunde. Diese Hunde müssen ihre Umwelt optisch wahrnehmen und beurteilen können. Diese Fähigkeiten, die im Prinzip jeder Hund hat, wenn man sie ihm lässt, bildet die Grundlage meiner sogenannten Einstein-Spiele.

Ein weiterer Grund dafür, dass ich mir solche Spiele ausgedacht habe, war, dass es nicht immer möglich ist, mit dem Vierbeiner Ball oder ein Suchspiel zu spielen – sei es aus Platzmangel oder aufgrund gesundheitlicher und körperlicher Einschränkungen des Hundes.

Spielend arbeiten und erziehen

Da ich mit meinen tierischen Begleitern professionell in der tiergestützten Therapie arbeite, lege ich bei meinen Spielvorschlägen wert darauf, dass die Spiele im Einsatz für diese Arbeit geeignet sind. Wenn Kinder mit Hunden spielen, können leicht Missverständnisse entstehen. Vor allem große Vierbeiner nutzen ihre körperliche Überlegenheit im Spiel gerne aus. Durch die in diesem Buch vorgestellten Spiele werden die Impulskontrolle beim Vierbeiner und das Selbstbewusstsein des Kindes mit Spaß trainiert und gefestigt. Trotzdem: Kinder sollten selbstverständlich nie ohne Aufsicht mit dem Hund spielen.

Ebenfalls hervorragend geeignet sind diese Spielvorschläge für Welpen-Spielgruppen, Junghundeerziehung und Fun-Gruppen in Hundeschulen.

Kurz gefasst
> Ball- und Suchspiele JA, aber nicht zu oft.
> Hunde können und wollen sich Lösungen selbst erarbeiten.
> Reduzieren Sie Ihren Hund nicht nur auf seinen Geruchssinn.
> Spielen Sie mit viel Kreativität und ohne Langeweile mit Ihrem Hund.

Das erwartet Sie

Klassische Spiele wie Ball werfen, Fährten- und Suchspiele sind aus gesundheitlichen Gründen nicht immer für jeden Hund geeignet.

Spiele für jeden Hund

Hunde denken gerne selbst nach. Die Erfahrung hat mir gezeigt, dass Hunde zu verblüffenden Leistungen fähig sind, ohne dass man ihnen ständig „vorsagen" muss, was sie zu tun haben.

Schon mit Welpen können diese Spiele zum Bindungs- und Vertrauensaufbau gespielt werden. Welpen werden, bei verantwortungsvoller Spielgestaltung, körperlich und geistig damit nicht überfordert. Junghunde lernen spielerisch ihre Impulse zu kontrollieren. Ruhiges, konzentriertes Arbeiten wird hierdurch gefördert. Seniorenhunde werden altersgerecht ausgelastet. Da mir Handicap-Hunde sehr am Herzen liegen, habe ich Spiele erarbeitet, die auch für gehandicapte Hunde bestens geeignet sind. Viele dieser Spiele können zum spielerischen Vertrauensaufbau bei Angsthunden und Hunden mit spezifischen Ängsten vor Gegenständen oder Geräuschen angewendet werden. Für Kinder und im Einsatz bei der tiergestützten Therapie bringen diese Spiele Abwechslung ohne großen Platzbedarf bei geringem Materialaufwand.

Kurz gefasst

> Hunde wollen selbstständig denken.
> Welpen und Junghunde werden spielerisch erzogen.
> Auch für Handicap-Hunde geeignet.
> Vertrauens- und Bindungsaufbau werden gefördert.

Spaß für alle! Einstein-Spiele sind unabhängig von Rasse, Alter und Körpergröße spielbar.

Ein paar Spielregeln

Auch wenn die Spiele vorrangig Spaß machen sollen, geht es doch nicht ganz ohne ein paar Regeln, die von Hund und Mensch eingehalten werden sollten:

1. **Die Belohnung bekommt der tierische Partner immer vom Menschen.**
   Die Spiele sollen die Bindung, die Beziehung und das Vertrauen stärken, deshalb wäre es kontraproduktiv, wenn sich der Hund, wie beim Ballspielen oder bei befüllten Spielzeugen, selbst belohnt.

2. **Dem Hund dürfen keine Tipps gegeben werden.**
   Hunde erarbeiten sich die Problemlösungen gerne selbst und lernen dadurch konzentrierter und ruhiger zu arbeiten. Für Hunde, die im Spiel und bei der Arbeit schnell „hoch fahren", bieten diese Spiele eine optimale Möglichkeit, Konzentration und ruhiges Arbeiten zu fördern.

3. **Der Hund bedrängt den Spielpartner nicht – und umgekehrt.**
   Individualdistanzen werden eingehalten. Bei diesen Spielen geht es um gegenseitigen Respekt, die Spielpartner akzeptieren den jeweiligen Spielraum des anderen. Dies ist gerade bei Angsthunden eine wichtige Spielregel. Welpen lernen so gleich von Anfang an, dass es sich nicht lohnt, „aufdringlich" zu sein.

4. **Spielen Sie nicht länger als 10-15 Minuten mit Ihrem Hund.**
   Da diese Spiele für Hunde mental sehr anstrengend sind, sollten Sie darauf achten, Ihren Hund damit nicht unbewusst zu überfordern.

Mit welchem Spiel Sie beginnen, bleibt Ihnen selbst überlassen. Alle Spiele sind unabhängig voneinander spielbar. Immer, überall und mit jedem Hund.

Kurz gefasst

> Belohnung bekommt der Hund immer vom Halter.
> Der Hund bekommt keine Tipps zur Lösung des Spieles.
> Ruhige, konzentrierte Arbeit soll gefördert werden.
> Jeder hält die individuelle Spieldistanz des anderen ein.

SPEZIAL

Vor und nach den Spielen

Wie eng ist die Bindung zwischen Ihnen und Ihrem Vierbeiner? Haben Sie eine Beziehung zueinander? Wie schlau ist Ihr Hund – vor und nach den Spielen? Finden Sie es heraus.

Testablauf

Machen Sie die Tests bevor Sie mit Ihrem Hund einige Einstein-Spiele einüben und danach. Aber machen Sie sie bitte nicht jeden Tag. Lassen Sie sich mindestens 3–4 Wochen Zeit, bevor Sie einen solchen Test wiederholen. Die Ergebnisse der Fortschritte könnten sonst verfälscht werden.

Für die Tests benötigen Sie optimalerweise die Mahlzeit Ihres Hundes oder kalorienarme Leckerchen. Ebenso eine Uhr zum Messen der Zeit, die Ihr Hund für eine Handlung benötigt, und Zettel und Stift, um sich die Zeit aufzuschreiben.

Ich gebe hier ganz bewusst keine Punktewertung an. Notieren Sie sich einfach nur die Zeit, die Ihr tierischer Begleiter für die Aufgaben benötigt. Bindung und Beziehung kann man meiner Ansicht nach nicht in Punkten messen. Bindung und Beziehung muss entstehen, wachsen und gefestigt werden. Vertrauen und Liebe lässt sich nicht in Punkten ausdrücken.

Beziehungstest

Beziehung bedeutet auch, dass die Beziehungspartner längere Zeit aufeinander konzentriert sein können, ohne dass sofort eine Anweisung oder Belohnung erfolgt.

Der Test:

Setzen Sie sich auf den Boden oder auf Ihr Sofa. Ihr Hund steht oder sitzt vor Ihnen. Schauen Sie Ihren Vierbeiner nur an. Geben Sie kein Kommando, keinen Tipp, kein Zeichen.

WORAUF SIE ACHTEN SOLLTEN: Wie lange dauert es, bis Ihr Hund Ihnen eine Aktion anbietet? (Welche, ist dabei völlig egal: ein Trick, ein Anstupsen oder das Bringen eines Spielzeugs. Das einzige, was nicht als Aktion zählt, ist „gelangweiltes" Hinlegen.) Notieren Sie sich hier ebenfalls die Zeit, um sie mit einem späteren Test zu vergleichen.

Bindungstests

Im Folgenden zwei ganz einfache Tests zur Hund-Mensch-Bindung, die ich auch sehr gerne in meiner Hundeschule anwende.

Der 1. Test:
Sie haben Ihren Vierbeiner an einer 2-m-Leine. Gehen Sie ein Stück mit Ihrem Hund spazieren. Bleiben Sie nun wortlos stehen und drehen Sie sich um. Wenden Sie dem Hund also einfach nur Ihren Rücken zu. Sprechen Sie ihn vorher und während Sie sich umdrehen nicht an.

WORAUF SIE ACHTEN SOLLTEN: Wie lange dauert es, bis sich der Hund ebenfalls umdreht und sich in Ihre Richtung bewegt? Notieren Sie sich die Zeit und, wenn Sie den Test nach ein paar Wochen wiederholen, vergleichen Sie die beiden Ergebnisse doch mal miteinander.

Der 2. Test:
Sie haben Ihren Hund an einer 2-m-Leine. Gehen Sie mit Ihrem tierischen Begleiter spazieren. Nun lassen Sie die Leine unvermittelt fallen und bewegen Sie sich langsam in eine andere Richtung. Nicht rennen!

WORAUF SIE ACHTEN SOLLTEN: Wie lange dauert es, bis sich Ihr Hund in die gleiche Richtung wie Sie orientiert? Notieren Sie sich hier ebenfalls die Zeit, um sie mit einem späteren Test zu vergleichen.

TIPP: Wenn Ihr Hund zu Jagdausflügen tendiert, binden Sie für den Test an die normale 2-m-Leine eine leichte, längere Schleppleine. So können Sie die kurze Leine fallen lassen, die Schleppleine aber weiter in der Hand behalten.

Metchley hat für einen Collie einen sehr ausgeprägten Jagdtrieb.

SPEZIAL

Intelligenztests

Stanley Coren ist der Vater der Intelligenztests. Auch wenn inzwischen manche von diesen Tests überholt sind, eignen sich einige immer noch gut, um unsere Hunde zu testen.

Der 1. Test: Verknüpfungen

Geben Sie Ihrem Hund ein Kommando, das er gut kann, beispielsweise „Sitz", und machen Sie dazu ein Geräusch. Das kann ein Zungenschnalzen, ein kurzer Pfiff oder ein Fingerschnippen sein.

WORAUF SIE ACHTEN SOLLTEN: Wie lange dauert es, bis Ihr Hund das Geräusch mit dem Kommando „Sitz" verknüpft hat und sich hinsetzt, wenn er nur das Geräusch hört? Notieren Sie sich die Zeit.

Nach einigen Einstein-Spielen (mindestens aber 3–4 Wochen später) machen Sie den Test erneut, aber diesmal mit einem anderen Grundkommando: Machen Sie nun zum Beispiel immer, wenn Sie „Platz" sagen, ein Geräusch dazu. Wie lange dauert es, bis sich Ihr Hund hinlegt, wenn er nur das Geräusch hört? Notieren Sie sich wieder die Zeit und vergleichen Sie.

> **TIPP:** Wenn Ihr Hund dazu neigt, Sie an der Leine hinter sich her zu ziehen, befestigen Sie die Leine so, dass der Hund Sie nicht wegziehen kann. Er muss wirklich nur diese eine Möglichkeit haben, an das Leckerchen zu gelangen.

Smartie ist konzentriert und aufmerksam auf sein Frauchen fokussiert.

Der 2. Test: kognitives Lernen

Binden Sie ein Leckerchen an eine Schnur. Nehmen Sie Ihren Hund nun an die Leine. Die Leine ist nur so lang, dass der Hund zwar an die Schnur gelangt, nicht aber an das Leckerchen selbst. Wie lange dauert es, bis Ihr Vierbeiner auf die Idee kommt, das Leckerchen mit Hilfe der Schnur zu sich heranzuziehen?

WORAUF SIE ACHTEN SOLLTEN: Notieren Sie sich hier ebenfalls die Zeit, um sie mit einem späteren Test zu vergleichen.

TOUCHSPIELE

Spiele mit Touch

Diese Spiele sind aus der klassischen Touch-Arbeit entstanden, die in meinem ersten Buch „Hundetraining ohne Worte" beschrieben wurde. Das benötigte Spielmaterial passt in jede Handtasche.

Lernen mit den Augen

Hunde sind in der Lage, Bilder, Figuren, Gegenstände und Formen zu unterscheiden (siehe auch Kapitel 4). Viele Hunde können am Anfang nichts mit den Bildern anfangen. Bisher wurde ihnen immer gesagt, was sie tun sollen. Sie haben dieses andere Lernsystem noch nicht kennengelernt.

In der Regel werden Hunde im Spiel auf ihre Nase reduziert. Jeder Hund schnüffelt gerne, das ist klar, doch sollte man die anderen Sinne des Hundes ebenfalls fördern und fordern. Diese Fähigkeiten besitzt jeder Hund, egal welcher Rasse er angehört – es muss nicht immer der Border Collie sein, dem ja immer die höchste Intelligenz nachgesagt wird.

Jeder Hund kann Bilder lernen

In meinen Kursen habe ich schon viele Male erlebt, wie Hunde dieses neue System des Lernens „begreifen" lernen. Ein Fall war z. B. Julia, ein 3-jähriges Pudel-Mädchen: Sie hatte wie viele Vierbeiner zu Beginn keine Idee, was sie tun soll. Ziemlich verdutzt saß sie vor den Karten und wartete auf einen Hinweis ihres Frauchens. Zu schnell Tipps zu geben, wollen wir bei diesen Spielen aber vermeiden.

Es war sehr interessant für uns alle, Julia beim Denken zuzusehen. Schon nach kurzer Zeit hatte sie verstanden, dass es um ein bestimmtes Bild geht, das Erfolg, also eine Belohnung, einbringt. Nach nur wenigen Versuchen konnte Julias Frauchen die Karten auch schon von der einen in die andere Hand wechseln – Julia fand schnell immer das richtige Bild.

Sie werden sehen: Auch Ihr Hund wird ganz schnell begreifen, worum es geht, und schon bald das richtige Bild verlässlich anzeigen.

Vertrauen ist eine wichtige Basis für eine gute Beziehung.

Mögliche Einsatzgebiete

Kinder
Diese Spiele sind sehr gut für den Vertrauensaufbau zwischen Kind und Hund geeignet. Kinder die bisher wenig Kontakt zu Hunden hatten oder ängstlich reagieren, können diese Spiele spielen, ohne direkten Körperkontakt mit dem Tier aufnehmen zu müssen. Vertrauen und Selbstbewusstsein der Spielpartner wird gestärkt. Impulskontrolle (siehe auch Seite 18) ist ein wichtiger Punkt, vor allem beim Spiel zwischen Kind und Hund. Mit diesen Spielen lernt der Vierbeiner seine Impulse zu kontrollieren. Nach Spielzeug in Kinderhänden darf nicht einfach geschnappt werden.

Therapie
In der Therapie können diese Spiele bei Patienten eingesetzt werden, deren Bewegungsfreiheit eingeschränkt ist, wie bei einem Muskeltraining für Hände und Finger nach einem Schlaganfall.

In der Therapiearbeit mit an Demenz erkrankten Patienten regen diese Spiele Denk- und Merkvermögen an, da sich der Patient merken muss, welches Bild der Hund touchen soll. Sie sind auch sehr gut für Gruppenarbeit im Stuhlkreis geeignet.

Behinderte Hunde
Optimal sind diese Spiele für körperlich gehandicapte Hunde, da es egal ist, ob er im Stehen, Sitzen oder Liegen spielt. Die Spiele können so gestaltet werden, dass der Hund immer die Position einnehmen kann, die für ihn am bequemsten ist.

Vertrauensaufbau
Sogenannte Angsthunde profitieren von diesen Spielen, da sie den Abstand zum Menschen selbst bestimmen können. Über positive Motivation lernt der Hund so Vertrauen zu Menschen, deren Händen und Gegenständen aufzubauen.

Impulskontroll-Training

Vor allem die sogenannten „Ball-Junkies " können ihre Impulse beim Spiel mit Plüschtieren oder Bällen nur schlecht kontrollieren.

Mein Ball, dein Ball

Immer wieder werden mir Hunde vorgestellt, die vor allem beim Ballspiel körperlich sehr vehement agieren. Sie springen hoch, reißen dem Spielpartner den Ball aus der Hand, schnappen und bellen. In den meisten Fällen wurde der Hund zu diesem Verhalten motiviert oder erzogen. Bei einem Welpen ist das Hochspringen und nach dem Ball schnappen meist auch noch recht niedlich anzusehen. Ist der Hund ausgewachsen und bringt mehr als 25 Kilogramm auf die Waage, kann dieses Verhalten problematisch werden.

Meine Collie-Dackel-Mixhündin Honey Bee ist ein sehr temperamentvolles kleines Mädchen. Sie liebt Ball- und Zerrspiele, bei denen sie früher auch sehr schnell überdrehte. Sie wollte den Ball oder das Spielzeug, das ich in der Hand hatte, unbedingt und sofort haben. Trotz ihrer geringen Größe brachte sie es fertig, mir bis an die Schultern zu springen.

Vor allem bei meinen Enkelkindern könnte dieses Verhalten von Honey Bee zu Verletzungen führen. Des Weiteren sollte Honey Bee ja auch in der tiergestützten Therapie eingesetzt werden, ohne die Patienten anzuspringen oder zu schnappen, sodass sie die Impulskontrolle lernen musste.

Ruhiges Arbeiten fördert die Impulskontrolle

Über ruhige, konzentrierte Touchspiele hat Honey Bee sehr schnell gelernt, dass es sich lohnt, auf das Spielzeug zu warten. Honey Bee sollte sich erst absetzen, ihre Touch-Arbeit „erledigen" und dann erst hat sie das Spielzeug bekommen. Vor allem bei Plüschtieren fiel es ihr anfangs wirklich schwer, ihren Impuls zu kontrollieren. Hätte ich mit Honey diese Spiele nicht geübt und dieses Training nicht konsequent absolviert, würde sie meinen Enkeln heute sicherlich alles Spielzeug „entreißen" und wäre für den Einsatz in der tiergestützten Therapie nicht geeignet.

Bei diesen Spielen agieren die Kinder als Spielleiter.

SPEZIAL

Vertrauensaufbau

Nicht alle Kinder wachsen in so einem großen Vertrauensverhältnis mit Hunden auf, wie meine Enkelkinder. Es gibt Kinder, die große Angst vor direktem körperlichem Kontakt haben. Verwendet man im Spiel zwischen Kind und Hund einen „Puffer", beispielsweise ein großes Stofftier wie einen Teddy, kommt es nicht zu direktem Körperkontakt zwischen Kind und Hund. Das Kind bleibt Spielleiter, der Hund kann das „Kommando" nicht übernehmen und kommt nur über die Kooperation mit dem Kind zum Erfolg.

Angst vor Hunden führt vor allem mit Kindern immer wieder zu unschönen Unfällen, die eigentlich leicht verhindert werden könnten. Bei diesen Spielen richtet der Hund seine Aufmerksamkeit in erster Linie auf das Spielzeug und nicht auf das Kind, sodass das Kind an Sicherheit gegenüber dem Hund gewinnt.

Hat der Hund dazu das Impulskontroll-Training durchlaufen und spielt dementsprechend vorsichtig mit dem Kind, kann so das Vertrauen und das Selbstbewusstsein des Kindes gestärkt werden. Selbstverständlich sollte immer sein: Kind und Hund spielen niemals alleine.

Kurzgefasst

> Behalten Sie Kind und Hund bitte immer im Auge.
> Lassen Sie Kind und Hund niemals in einem Raum allein spielen.
> Auch wenn der Hund noch so gutmütig ist, kann eventuell das Kind falsch agieren.
> Kinder und Hunde sind nicht immer berechenbar.

Impulskontroll-Training mit Kindern kann mögliche Probleme schon im Vorfeld verhindern.

Lass uns Kartenspielen

Die Aufgabe
Ihr Hund soll lernen, Bilder und/oder Karten zu unterscheiden.

Dafür benötigen Sie
> Die Mahlzeit Ihres Hundes oder kalorienarme Leckerchen
> Bedruckte Glasuntersetzer, ein Kartenspiel, unterschiedliche Postkarten (wichtig dabei: klar unterscheidbare aufgedruckte Motive)

Und so geht's
Sie legen in Gedanken ein Bild fest, welches der Hund anzeigen soll, und geben dem Vierbeiner keinen Hinweis darauf, welches Bild das von Ihnen festgelegte ist. Nun zeigen Sie dem Vierbeiner beide Bilder. Toucht der Hund mit der Nase das richtige, von Ihnen festgelegte Bild, bekommt er eine Belohnung. Verwenden Sie keine Worte, es geht alleine darum, dass sich der Hund auf die Bilder konzentriert.

Toucht der Hund das falsche Bild, drehen Sie die Bilder vom Hund weg. Bitte sagen Sie nicht „falsch" oder „schade" oder sonst ein Wort. Jedes Wort kann beim Hund möglicherweise eine missverständliche Verknüpfung herstellen. Es geht nur um die Bilder und die optischen Fähigkeiten des Hundes.

Sam wird eine Bildkarte und eine neutrale Karte gezeigt.

Er soll nun das Bild „erkennen" und anzeigen, sprich touchen.

Spiele mit Touch

Zeigen Sie Ihrem tierischen Begleiter die Bilder nach ein paar Sekunden wieder. Diese Vorgehensweise wiederholen Sie, bis der Hund zuverlässig immer das richtige Bild toucht. Erst dann können Sie die Karten auch hin und her tauschen oder ein neues Bild einführen.

Selbstverständlich führt im Spiel immer das gleiche Bild zum Erfolg. Wenn Sie Ihrem vierbeinigen Freund also beigebracht haben, ein bestimmtes Bild zu touchen, ist dieses immer das Erfolgsbild, egal in welcher Kombination es auftaucht.

Bei uns heißt dieses Spiel das Collie-Spiel, weil wir bedruckte Glasuntersetzer mit Collie-Fotos besitzen, auf die wir die Hunde konditionieren. Dann heißt es: „Such den Collie!" Und nicht nur unser Collie-Rüde hat Spaß daran, immer wieder die richtige Karte anzustupsen ...

Tipp, wenn's nicht klappt

Da wir dem Hund bei allen diesen Spielen keinen Tipp zur Lösung geben sollten, kann es schon einmal eine Weile dauern, bis der Hund dieses für ihn neue System des Lernens begriffen hat. Bisher war es der Hund ja gewohnt, dass wir ihm alles „vorsagen". Haben Sie Geduld und geben Sie Ihrem Hund genügend Zeit, um die Lösung herauszufinden. Genießen Sie es, Ihrem Hund beim selbstständigen Denken zuzuschauen.

Wenn Ihr Hund gar keine Lösung anbietet, brechen Sie das Spiel mit einer Übung oder einem Trick, den der Hund gerne macht, und einer Belohnung dafür ab. Beenden Sie die Spiele niemals mit einem Frusterlebnis für sich selbst oder den Hund. Versuchen Sie es einfach später noch einmal. Dies gilt auch für alle weiteren Spiele im Buch.

Toucht der Hund die falsche Karte, wird diese umgedreht.

Zeigen Sie Ihrem Hund die Karten wieder. Toucht er diesmal richtig, erhält er eine Belohnung.

Touchspiele

Der Hund läuft zwischen den Personen hin und her, die jeweils zwei gleiche Bildkarten und zwei neutrale halten.

Variation für Anfänger

Mit zwei Personen spielen
Bei dieser Variation benötigen Sie jeweils zwei gleiche für den Hund gut erkennbaren Bilder und zwei neutrale, z. B. einfarbige. Je eine Person hält ein Bild, das der Hund später anzeigen soll, und ein neutrales. Nun soll der Hund bei beiden Personen das richtige Bild touchen. Sie können sich dabei gegenüber- oder nebeneinandersitzen. Der Hund läuft von einer Person zur anderen.

Tipp, wenn's nicht klappt

Es kann sein, dass Ihr Hund am Anfang nicht versteht, dass er nun zwischen zwei Personen hin und her laufen und bei zwei Personen das richtige Bild finden soll. Falls sich Ihr Hund am Anfang also „verständnislos" vor Ihnen absetzt, geben Sie ihm einen kleinen Fingerzeig zu der zweiten Person. Auch hier gilt: Nicht zu früh den Tipp geben. Die meisten Hunde bemerken sehr schnell von selbst, wie dieses Spiel funktioniert.

Variationen für Fortgeschrittene

Mehrere Karten und Bilder
Eine weitere Variante ist, mehrere Bilder und neutrale Glasuntersetzer, Bierdeckel oder Postkarten auf den Boden zu legen. Nun soll der Hund aus mehreren Bildern das richtige herausfinden. Hat Ihr Hund das vorher gelernte Bild gefunden, kommt er zu Ihnen zurück und holt sich bei Ihnen seine Belohnung ab.
ACHTUNG: Auch hier toucht der Hund das Bild, das auf dem Boden liegt, nur mit der Nase an, er soll die Karten nicht apportieren und auch nicht mit der Pfote berühren. Bilder werden IMMER mit der Nase berührt. Auf jeden Touch folgt ein Leckerchen. Gut gemacht!

Mehrere Karten liegen auf dem Boden – Chestnut findet schnell das richtige Bild. Gut gemacht!

Das Herz-As
Die Anfangskonditionierung auf das Herz-As wird genauso aufgebaut wie die Konditionierung auf irgendein anderes Bild (siehe oben). Hat der Hund verstanden, dass es im Folgenden nur um das Herz As geht, kommt bei jeder Runde eine weitere Karte aus dem Kartenspiel dazu, bis irgendwann das komplette Kartenspiel auf dem Boden liegt. Dennoch zeigt der Hund immer nur das Herz-As an – gelernt ist eben gelernt.
ACHTUNG: Überfordern Sie Ihren Hund nicht. Legen Sie nicht zu früh zu viele Karten zum Herz-As dazu.

Gefunden – das Herz-As ist in diesem Fall das richtige Bild!

Wo ist der Hase?

Die Aufgabe
Ihr Hund lernt, Figuren zu unterscheiden. Konzentration und ruhiges Arbeiten wird gefördert. Der Hund lernt spielerisch, den Impuls zu kontrollieren, das Spielzeug zu packen. Die sogenannte Impulskontrolle ist schon für Welpen und Junghunde ein gutes Training für die Zukunft.

Dafür benötigen Sie
> Die Mahlzeit Ihres Hundes oder kalorienarme Leckerchen
> Plüschtiere, Deko-Obst, Spielfiguren usw.

Und so geht's
Die Vorgehensweise ist prinzipiell die gleiche wie bei den Kartenspielen. Sie legen in Gedanken eine Figur fest, die der Hund im Folgenden anzeigen und touchen soll. Dafür gibt's dann auch wieder eine kulinarische Belohnung. Ihr Hund darf das Plüschtier nicht nehmen und nicht aus Ihren Händen reißen. Sie verwenden auch hier am Anfang keine Worte. Nur die optischen Fähigkeiten Ihres Hundes sollen gefördert werden.

Tipp, wenn's nicht klappt
Arbeiten Sie ruhig und geduldig mit dem Hund. Wird der Hund hibbelig oder nervös, weil jetzt Spielzeug im Spiel ist, machen Sie z. B. ein, zwei Minuten Hand-Touch-Arbeit bis der Hund wieder ruhig und konzentriert ist. Erst dann geht das Spiel weiter. (Beim Hand-Touch-Training lernt der Hund, die leere Hand mit der Nase anzustupsen. Der Hund soll sich dabei ruhig auf die Hand des Menschen konzentrieren.)

Ziel des Spiels: Der Hund toucht die „richtige" Figur mit der Nase an.

Variation

In der tiergestützten Therapie und mit Kindern

Ein schönes Spiel in der tiergestützten Therapie, da man auch große Plüschtiere verwenden kann, sodass keine Verletzungsgefahr für Patienten oder Senioren besteht. Das Plüschtier dient sozusagen als Puffer zwischen Zwei- und Vierbeiner. Auch ängstliche Kinder haben daran große Freude und können so Vertrauen zu Hunden aufbauen. Der Hund lernt, seine Impulse zu kontrollieren: Er darf dem Menschen das Spielzeug nicht aus der Hand nehmen.

Für Fortgeschrittene

Mehrere Spielzeuge benennen

Die Figuren/Plüschtiere liegen in einer kurzen Distanz vor dem Hund. Nun soll er wieder die richtige Figur mit der Nase antouchen, zurückkommen und sich das Leckerchen beim Menschen abholen. Funktioniert das, wird die Distanz, die der Hund zu den Figuren gehen muss, weiter vergrößert. Später kann man den Figuren Namen geben. Der Hund soll nun aufgrund eines Namens das richtige Spielzeug touchen. Bei uns haben auch Bälle Namen. Entweder nach der Farbe, der grüne Ball heißt „Kermit", oder nach einer Person, der gelbe Ball heißt „Becker".

ACHTUNG: Auch hier toucht der Hund das Spielzeug lediglich mit der Nase an, er soll die Spielzeuge nicht apportieren und vor allem nicht damit davonlaufen und alleine damit spielen.

SCHACHTEL- UND KORKENSPIELE

Spiele mit viel Geschick

Die Schachtelspiele sind schnell und einfach für zwischendurch gebastelt. Der Materialaufwand ist sehr gering und immer vorhanden.

Spaß mit Deckel

Diese Spiele sind bei uns aus einer Langeweile heraus entstanden. Wir waren im Urlaub in einem Ferienhaus. Das Wetter entsprach nicht so wirklich unseren Erwartungen an Juni-Urlaubswetter und vom Frühstück blieb eine leere Käseschachtel übrig. Ein kurzes Schnürchen dazu und schon wurde aus der Käseschachtel ein Intelligenzspiel, bei dem ich nicht nur als „Auffüller" agiere, sondern als Spielführer mit meinen Hunden gemeinsam Spaß habe. Da ich ja immer gleichzeitig mit mehreren Hunden spiele, ergibt sich der nützliche Nebeneffekt, dass meine Hunde spielerisch das Warten lernen. Ist ein Hund an der Schachtel in Aktion, müssen sich die beiden anderen zurückhalten.

Korken nicht nur für Flaschen

Korken werden bei uns für ganz viele unterschiedliche Spiele und Aktionen eingesetzt. Der Materialaufwand ist auch hier sehr gering und das Material ist in der Regel immer vorhanden. Mein Sheltie liebt das Tellerspiel. Mit großem Enthusiasmus legt er den Korken hin und her, wobei ich ihm immer einen frischen Korken geben muss, wenn ich vorher mit den anderen Hunden gespielt habe. Sir Chestnut Rainbow II kann keine Korken aufheben, die vorher ein anderer Hund im Fang hatte ...

Und was ist der Sinn dabei?

Oft taucht in meinen Kursen die Frage auf: „Was macht das für einen Sinn, wenn der Hund einen Korken hin- und herlegt?" Zugegeben, für uns erscheint dieses Spiel sinnlos. Für den Hund macht es jedoch keinen Unterschied, ob er Korken auf Teller legt oder einen Stöpsel aus einem Holzspiel zieht. Positiver Nebeneffekt ist hier, dass wir die kognitiven Fähigkeiten unserer Hunde, also Wahrnehmung, Aufmerksamkeit, Erinnerung, Lernen, Problemlösung und Kreativität, in vollem Umfang fördern können.

Alles, was einen Deckel hat, eignet sich für diese Spiele.

Mögliche Einsatzgebiete

Kinder
Das Kind bleibt immer Spielleiter und muss auch hier keinen direkten Körperkontakt zum Hund aufnehmen. Kinder, die Hunde gerne füttern würden, sich aber nicht trauen, das Futter aus der Hand zu geben, werden hier ihr Selbstvertrauen und ihren Mut stärken können. Der Hund lernt Kinder zu respektieren, da das Kind den Ablauf des Spieles bestimmen kann.

Therapie
Die Schachtelspiele setze ich in der Therapiearbeit bevorzugt bei Schlaganfall-Patienten ein. Diese Spiele trainieren vor allem die Feinmotorik der Hände und fördern das Selbstbewusstsein der Patienten. Hunde kritisieren und korrigieren nicht. Bei Alzheimer-Patienten eingesetzt, fördern diese Spiele das Erkennen von Abläufen und die Wiederholung von richtigen Reihenfolgen. Erstaunlicherweise können sich auch schwer Demenz-Kranke den Ablauf dieser Spiele merken, obwohl das Kurzzeitgedächtnis bei dieser Erkrankung nicht mehr aktiv ist. Das Selbstbewusstsein der Patienten wird zusätzlich gestärkt, da der Hund geduldig wartet, bis das Spiel fertig ist. Hunde drängeln nicht, sie haben unendlich viel Zeit. Selbstverständlich haben aber auch alle meine anderen Patienten großen Spaß an dieser Aufgabe.

Handicap-Hunde
Dieses Spiel ist auch für blinde Hunde gut geeignet. Der Hund kann nur mit der Nase arbeiten. Verwenden Sie in diesem Fall ein etwas dickeres Bändchen. Sie können Ihrem Hund helfen, das Bändchen zu finden, wobei die meisten blinden Hunde sehr schnell alleine in der Lage sind, diese Spiele abzuarbeiten.

Vertrauen
Hunde die handscheu reagieren, können über die Schachtel positiv Vertrauen aufbauen. Straßenhunde holen sich ihr Futter oft aus weggeworfenen Schachteln, sodass die Schachtel für diese Hunde oft ein vertrauter Gegenstand ist, dem sie relativ angstfrei begegnen.

Hundeschule
Dieses Spiel eignet sich für die Gruppenarbeit, Junghunde-Erziehung und für spielerisches Rückruftraining.

Käseschachtel und andere Schatzkisten

Die Aufgabe
Ihr Hund soll lernen, die Schachtel zu öffnen.

Dafür benötigen Sie
> Die Mahlzeit Ihres Hundes oder kalorienarme Leckerchen
> Käseschachteln, Schuhschachteln und alles andere, was einen Deckel hat, nur keine Metalldosen

Und so geht's
In den Boden der Käseschachtel werden zwei Löcher gestochen. Durch diese Löcher zieht man ein kurzes Bändchen und knotet es innen zusammen, sodass auf der Bodenoberseite eine Schlaufe entsteht, der Boden der Käseschachtel wird zum Deckel. Die Schachtel befindet sich immer in Ihrer Hand. Die Schachtel steht nie auf dem Boden. Der Hund darf die Schachtel nicht nehmen und damit weglaufen. Das wäre wieder eine Form der Selbstbelohnung, die wir bei diesen Spielen aber vermeiden wollen. Nun soll der Hund die Schachtel öffnen, indem er an der Schlaufe zieht. Er darf sich das Leckerchen dann aus der Schachtel nehmen.

Tipp, wenn's nicht klappt
Manche Hunde können am Anfang des Spiels überhaupt nichts mit dem Bändchen anfangen. Haben Sie Geduld und verwenden Sie eventuell eine etwas dickere Schnur. Wenn Ihr Hund nicht zur Lösung kommt, legen Sie den Deckel locker auf die Schachtel und zeigen Sie Ihrem Hund das Bändchen. Rutscht der Deckel nun von der Schachtel, darf er sich das Leckerchen aus der Schachtel nehmen. In der Regel verstehen Hunde dann sehr schnell, wie sie zum Erfolg kommen.

Oben: Der Hund darf nicht mit der Pfote arbeiten, er soll mit dem Maul an dem Bändchen ziehen.

Unten: Der Spielpartner Mensch bleibt im Besitz des Spielmaterials.

Uta bleibt Spielleiter, da sie das „Spielmaterial" immer bei sich behält. Sie ist nicht nur Auffüller.

Variation

Alles, was einen Deckel hat
Für diese Spiele sind alle Schachteln geeignet, die einen Deckel haben. Für große Hunde sind Schuhschachteln besser geeignet als kleine Käseschachteln. Bei Hunden, die zum Sabbern neigen, kann man Frischkäse-Behälter verwenden. Verwenden Sie bitte keine Dosen aus Metall oder mit scharfen Rändern.

Mehrere Schachteln
Befestigen Sie mehrere, unterschiedlich große Schachteln auf einem Brettchen oder auf dicker Pappe. Auf ein Freigabe-Kommando hin soll der Hund nun eine Schachtel öffnen, zu Ihnen zurückkommen und erst auf ein weiteres Freigabe-Kommando zur nächsten Schachtel laufen und diese dann öffnen. Sehr gut geeignet als spielerisches Rückruftraining für Junghunde-Gruppen in der Hundeschule.

Aufräumen

Die Aufgabe
Ihr Hund soll lernen, Gegenstände von A nach B zu tragen und in einen Wäschekorb oder Ähnliches fallenzulassen.

Dafür benötigen Sie
> Die Mahlzeit Ihres Hundes oder kalorienarme Leckerchen
> Gegenstände, die sich zum Apportieren eignen, wie Bälle, Becherchen oder Stofftiere
> Einen Behälter, in den die Gegenstände passen, wie große Schachteln, Eimer, ein Wäschekorb

Positiv entlassen
Folgendes sollten sie immer beachten, wenn Sie mit ihrem Hund lernen, arbeiten oder spielen: Beenden Sie die Übungen niemals mit einem Frusterlebnis. Nicht für sich und nicht für den Hund. Wenn ein Trick, eine Übung oder ein Einstein-Spiel noch nicht wirklich funktionieren, brechen sie ab, bevor sie oder der Hund die Lust daran verlieren. Beenden sie die Übungseinheit mit einer Aktion, die der Hund gut kann und gerne macht. Das kann auch ein ganz einfaches Sitz sein. Loben Sie den Hund dafür überschwänglich, so dass Sie und ihr Hund am nächsten Tag motiviert in die nächste „Runde" gehen können.

Und so geht's
Wenn Ihr Hund Ihnen einen Gegenstand in die Hand geben kann, ist es zum Aufräumen nicht mehr weit. Verwenden Sie einen Ball oder das Lieblings-Stofftier Ihres Hundes und eine relativ große Schachtel, einen Eimer oder Wäschekorb. Halten Sie Ihre Hand über Schachtel, Eimer oder Korb und fordern Sie Ihren Hund auf, Ihnen das Spielzeug in die Hand zu geben.

In dem Moment, in dem Ihnen der Hund das Spielzeug in die Hand geben möchte, ziehen Sie die Hand weg, sodass das Spielzeug in das Behältnis fällt. Sagen Sie in diesem Moment „Aufräumen" und belohnen Sie Ihren Hund. Er wird bemerken, dass das Spielzeug nach unten in den Behälter fällt. Haben Sie den Eindruck, Ihr Hund hat verstanden, um was es geht, nehmen Sie Ihre Hand immer weiter an den Rand des Behälters. Das Spielzeug fällt also nun in immer weiterer Entfernung an Ihrer Hand vorbei.

Funktioniert das, lassen Sie die Hand ganz weg. Nun kann auch der Behälter immer kleiner werden, sodass Sie zum Schluss bei den Tellern landen, auf die der Hund den Korken legen soll (siehe Seite 34).

Wenn der Hund bereits apportieren kann, ist das die halbe Miete. Honey apportiert bereits wie ein Weltmeister!

Schachtel- und Korkenspiele

Das Tellerspiel

Die Aufgabe

Ihr Hund soll lernen, den Korken von einem Teller auf den anderen zu legen, immer hin und her. Dieses Spiel ist als Intelligenzspiel schon sehr anspruchsvoll und in vielen Variationen spielbar. Für dieses Spiel sollte Ihr Hund den Trick „Aufräumen" beherrschen (siehe Anleitung Seite 32).

Dafür benötigen Sie

> Die Mahlzeit Ihres Hundes oder kalorienarme Leckerchen
> Teller
> Korken; falls Sie befürchten, Ihr Hund könnte den Korken verschlucken, können Sie dieses Spiel auch mit einem kleinen Ball oder einem kleinen Plüschtier spielen

Und so geht's

Stellen Sie die zwei Teller nebeneinander vor den Hund. Auf einen der Teller legen Sie einen Korken. Wie bei allen Einstein-Spielen ist ein Tipp erstmal nicht erwünscht. Der Hund soll von alleine darauf kommen, dass es sich lohnt, den Korken von links nach rechts und umgekehrt zu legen. Nimmt Ihr Hund den Korken auf und legt ihn auf den anderen Teller, bekommt er eine Belohnung. Legt er den Korken nun wieder zurück auf den vorherigen Teller, bekommt er wieder ein Leckerchen.

Tipp, wenn's nicht klappt

Geben Sie nicht zu früh Tipps. Ihr Hund wird Ihnen sicher Lösungen anbieten. Eventuell können Sie Ihrem Hund helfen, indem Sie die Teller in die Hand nehmen, da er das Ziel „Hand" ja vom Aufräumen kennt (siehe Seite 32). Oder Sie deuten kurz auf den Korken, denn um den geht's ja.

Ihr Hund soll die Aufgabe anschauen und über die Lösung selbstständig nachdenken.

Bingo! Den Korken aufnehmen ist richtig.

Spiele mit viel Geschick 35

Variation

Mit mehreren Personen

Vor jeder Person steht ein Teller. Der Hund läuft zwischen den Personen hin und her und legt den Korken auf den Teller vor der Person, von jeder Person erhält er ein Leckerchen.

Spielen in der Gruppe: Gleiche Vorgehensweise wie beim Spiel mit zwei Personen.

Mehrere Teller

SPIELEN MIT MEHREREN TELLERN: Hat Ihr Hund das System erkannt, können Sie einen weiteren Teller ins Spiel bringen. Nun soll der Hund den Korken über drei Stationen von links nach rechts und wieder zurücklegen. Die Anzahl der Teller kann beliebig erhöht werden.

SPIELEN AUF DISTANZ: Stellen Sie die Teller immer weiter auseinander. Erhöhen Sie die Distanzen langsam, bis beispielsweise eine komplette Raumbreite zwischen den Tellern liegt. Der Hund läuft nun zwischen den Tellern hin und her und holt sich bei jedem erfolgreichen Ablegen des Korkens ein Leckerchen bei Ihnen ab.

Der Vierbeiner hat die Aufgabe, den Korken von einem Teller auf den anderen zu legen.

Nicht ganz einfach, doch Chestnut hat die Aufgabe mit Bravour erledigt.

Der Korken-Sortierer

Die Aufgabe
Ihr Hund soll lernen, den Korken immer in den Becher zu legen, vor dem der Korken liegt. Auch für dieses Spiel ist der Trick „Aufräumen" Voraussetzung (siehe Seite 32). Dies ist ein Spiel für fortgeschrittene Einstein-Hunde.

Dafür benötigen Sie
> Die Mahlzeit Ihres Hundes oder kalorienarme Leckerchen
> Becher
> Korken; falls Sie befürchten, Ihr Hund könnte den Korken verschlucken, können Sie dieses Spiel auch mit einem kleinen Ball oder einem kleinen Plüschtier spielen

Und so geht's
Stellen Sie die Becher nebeneinander vor den Hund. Vor jeden Becher legen Sie einen Korken. Beginnen Sie mit maximal zwei Bechern und zwei Korken. Warten Sie auch bei diesem Spiel erst ab, was Ihnen Ihr Hund anbietet. Lassen Sie ihn nachdenken. Er soll selbst darauf kommen, dass der Korken genau in den Becher gehört, vor dem er liegt und nicht alle Korken in einen Becher. Nimmt Ihr Hund den Korken auf und legt ihn in den richtigen Becher, bekommt er eine Belohnung. Legt der Hund den Korken nicht in den Becher, vor dem er liegt, oder legt er sogar alle Korken in einen Becher, bekommt er kein Leckerchen. Nehmen Sie die Korken kommentarlos aus den Bechern, legen Sie jeden Korken wieder vor einen Becher und beginnen Sie von vorne.

Tipp, wenn's nicht klappt
Hunden, die von alleine wenig bis keine Aktion anbieten, kann man helfen, indem man die Becher am Anfang in die Hand nimmt und den Hund dazu motiviert, den Korken aufzunehmen und in den Becher zu werfen. Doch auch hier gilt wie für alle Spiele: Dem Hund nicht zu früh helfen. Brechen Sie lieber mit einem positiven Erlebnis für den Hund ab und versuchen Sie es später noch einmal.

Variation

Mit beliebig vielen Bechern
Die Anzahl der Becher kann beliebig erhöht werden.
SPIELEN IN DER GRUPPE: Dieses Spiel kann auch mit mehreren Hunden gespielt werden. Die Hunde legen abwechselnd die Korken in die Becher.

Neue Positionen
SPIELEN ÜBER DISTANZEN: Verändern Sie die Anordnung der Becher. Die Becher stehen nun nicht mehr in einer Linie vor dem Hund, sondern mit jeweils einem Korken davor verteilt im Raum.

Vor jedem Becher liegt ein Korken.

Der Korken gehört in den Becher, vor dem er liegt.

Nun sollen alle Korken in den richtigen Becher gelegt werden.

PFOTEN- UND NASENSPIELE

Kooperation und Partnerschaft

Alle diese Spiele sollen die Kooperation und Partnerschaft zwischen Zwei- und Vierbeiner fördern, fordern und festigen.

Kooperation

In meinen Kursen lerne ich immer wieder Hunde kennen, die diese Kooperation entweder verlernt oder nie erlernt haben. Filou, ein junger Mischlingsrüde beispielsweise, wurde von seinem Zweibeiner ausschließlich mit Ball- oder Suchspielen beschäftigt. Im Laufe der Zeit gestalteten sich vor allem die Ballspiele immer schwieriger: Filou brachte den Ball nicht mehr zuverlässig zurück, interessierte sich immer öfter für Wildspuren oder Mauselöcher. Filous Halter musste den Ball meist selbst wieder holen. Filou hatte die Lust an der Kooperation mit seinem Herrchen verloren, sie wurde ihm zu langweilig. Durch die „Blingspiele verkehrt", hat Filou wieder gelernt, dass Kooperation mit seinem Herrchen lohnend ist und Spaß macht. Filou wurde darauf trainiert, auf Fingerschnippen Gegenstände zu bringen. Filous Aufmerksamkeit stieg wieder an, sodass er draußen seinem Herrchen „verlorene" Gegenstände, auch den Ball, zuverlässig zurückbrachte.

Partnerschaft

Allen Rassen voran, sind Hütehund zu enger, partnerschaftlichen Arbeit fähig. Bei einigen Jagdhunderassen sieht das oft etwas anders aus. Manche wurden mehr dahingehend selektiert, allein zu arbeiten. Doch auch mit eher selbstständigen Hunden kann Partnerschaft trainiert werden. Jutta war mit ihrer Beagle-Hündin Jule schon einige Male in meinen Kursen in Oberammergau. Jule hat schon als Junghund durch das „Hundetraining ohne Worte" und die Spielkurse eine enge Bindung zu ihrem Frauchen aufgebaut. Jule ist sehr aufmerksam und nimmt immer wieder Blickkontakt mit Jutta auf. Bei der Arbeit und im Spiel ist Jule eine tolle Partnerin, die sich nicht ablenken lässt. Dadurch kann dieses süße Beagle-Mädchen mehr Freiheiten genießen als manch anderer Beagle, der draußen nur an der Leine laufen darf. Jule kann heute in gut übersichtlichem Gelände toben und spielen, denn sie kommt auf Rückruf zuverlässig zu ihrem Frauchen zurück. Nur im Wald sind die übermächtigen Wildspuren für Jule noch sehr verführerisch.

Hunde wollen denken

Die klassischen Spiele, darunter zähle ich die typischen Beutespiele wie Ball- und Dummyspiele sowie Such- und Fährtenspiele, sind in ihrem Ablauf vorgegeben. Eine anspruchsvolle Kopfarbeit wird vom Hund nicht verlangt.

Beobachtet man Hunde im gemeinsamen Spiel einmal genauer, sieht man, wie Strategien entwickelt werden. Bei den beliebten Rennspielen sieht man immer wieder, wie die Hunde den Abstand zum Spielpartner „berechnen", um ihm den Weg abzuschneiden oder die Richtung zu wechseln, um den eventuell schnelleren Hund abzufangen. Spielen Hunde miteinander Beutespiele, bleibt das Spielzeug immer im Besitz eines Spielpartners. Der andere muss sich wieder einen „Schlachtplan" zurechtlegen, wie er an das Spielzeug herankommen könnte. Dieses durchdachte Handeln, dieses sich Strategien und Pläne ausdenkende Handeln unter Hunden, fördert nicht nur soziale Kompetenzen innerhalb einer Hundegruppe, sondern verlangt Köpfchen von den Spielpartnern. Auf diesem System der hundlichen Strategiespiele, sind die im Buch beschriebenen Spiele aufgebaut.

Fairness ist Trumpf

Fairness spielt unter Hunden ebenfalls eine große Rolle. Dies beobachte ich täglich im Zusammenspiel zwischen meinem Collie und meiner Mischlingshündin. Obwohl Metchley, der Collie, fast 4-mal so viel wiegt wie die kleine Honey Bee, zieht so manches Mal der „Zwerg" stolz mit der Beute durchs Haus. Obwohl es für den großen Rüden ein Leichtes wäre zu gewinnen, überlässt er das Spielzeug immer wieder seiner Spielpartnerin.

Sportlich spielen

Hunde, die sich gut kennen, also die, die in einem harmonischen Sozialverband leben, gehen im Spiel immer fair miteinander um. Hunde wollen gar nicht immer gewinnen. Das „Klau-mir-doch-den-Stock-Spiel" zwischen den Schäferhunden Lilli und Honey beispielsweise endet immer in gegenseitigem Einvernehmen: Hat Honey den Stock von Lilli mit einer raffinierten Strategie erobert, überlässt ihr Lilli den Stock. Andersherum funktioniert das übrigens genauso: Hat Lilli einen Gegenstand von Honey ergattert, hat Honey diesen Gegenstand noch nie mit Gewalt zurückgefordert. Im Gegenteil, sie hat sich sofort daran gemacht, sich neue Strategien auszudenken, wie sie wieder an das begehrte Objekt kommt. Die gleiche Fairness gilt bei den Rennspielen um den Busch. Die Hunde wechseln sich in ihren Rollen als Jäger und Gejagter sportlich ab, sodass jeder Hund seinen körperlichen Voraussetzungen gemäß auch einmal „Jagderfolg" hat. Wenn sich die Hunde gut kennen, kann man fast so etwas wie „Absprachen" untereinander beobachten, wer nun Jäger und wer Gejagter spielt.

Hunde gut beobachten

Bitte haben Sie immer ein Auge darauf, wenn Hunde miteinander spielen, die sich nicht oder nicht gut kennen. In der Regel ist Hunden eine gewisse Fairness angeboren. Trotzdem gibt es immer wieder Hunde, die „es wissen wollen" oder die soziale Strategiespiele nicht lernen durften. Vor allem pubertierende Jungrüden, die gerne mal ihre Kräfte messen, sollte man beim Spielen beobachten und bei kritischer Entwicklung des Spiels sofort eingreifen. Auch Mobbing-Ansätze sollte man sofort unterbrechen.

Kurzgefasst

> Hunde spielen miteinander Denk- und Strategie-Spiele.
> Hunde sind im Spiel fair miteinander.
> Hunde fordern „Spielbeute" nicht mit Gewalt zurück.
> Hunde, die sich nicht oder noch nicht gut kennen, immer im Auge behalten.

Blingspiele

Das Zubehör für diese Spiele, Rezeptionsklingel und Bodenlampe, bekommen Sie günstig in Hundeshops oder in jedem Baumarkt.

Blingspiele sind unendlich variabel.

Nun kommt Bewegung ins Spiel

Der Schwierigkeitsgrad steigt bei diesen Spielen an: Der Hund soll nun über größere Distanzen Aufgaben erledigen. Fortgeschrittene Einstein-Hunde spielen sogar über mehrere Räume. Diese Spiele bereiten Sie und Ihren Hund auf das Geometrie-Spiel vor. Erstes Lernziel bei den Blingspielen ist, dass der Hund die Klingel ausschließlich mit der Nase betätigt und die Bodenlampe ausschließlich mit der Pfote.

Pitu, der Butler

Pitu, ein 2-jähriger Australian-Shepherd-Rüde, beeindruckt Besucher mit „Blingspielen verkehrt": Kommt Herrchen nach Hause oder kündigt sich Besuch an, holt Pitu bei jedem Klingelton für alle bequeme Hausschuhe. Selbstverständlich können Sie Ihren Hund auch darauf trainieren, dass er Ihnen seine Leine oder sein Halsband bringt. Auch andere Aufgaben, die der Hund erledigen soll, können mit einem Klingelton verbunden werden: Türen öffnen, Türen schließen, das Telefon holen oder das Aufsuchen seines Ruheplatzes. Auch unterschiedlich häufiges Klingeln kann der Hund identifizieren. Seien Sie kreativ! Dieses Buch soll auch Sie ermutigen, neue Variationen der Spiele zu kreieren – Variationen, die individuell zu Ihnen und Ihrem Hund passen.

Mögliche Einsatzgebiete

Kinder
Die meisten Kinder spielen sehr gerne die „Blingspiele verkehrt". Vor allem etwas ältere Kinder und Jugendliche können sich über diese Spiele die Partnerschaft, die Kooperation und den Respekt des Hundes erarbeiten.

Therapie
Da der Hund bei diesen Spielen Körperteile unterscheiden lernt, nutzte ich sie auch bei meinen Patienten. Natürlich stupst der Patient die Glocke nicht mit der Nase an: In der Therapie unterscheiden wir die einzelnen Finger, die Arme oder Beine. Für motorisch gehandicapte Patienten eine tolle Aufgabe und mit Hunden sind die Patienten gut dazu zu motivieren.

Handicap-Hunde
Für gehandicapte Hund sind diese Spiele nur eingeschränkt geeignet. Am besten werden taube Hunde damit zurechtkommen. Auch Hunde-Senioren können mit diesen Spielen gut motiviert werden.

Vertrauen
Ihr Hund hat Angst vor komischen Geräuschen oder ist pfotenscheu? Versuchen Sie diese Spiele als Mutprobe. In meinen Kursen gab es einige Hunde, die vor der Glocke am Anfang sehr viel Respekt hatten. Nach spielerischem, positivem Aufbau sind einige davon heute richtige „Power-Klingler".

Hundeschule
Kann im Einzeltraining oder in Gruppenarbeit als „Voran senden"- und „Rückruf"-Training eingesetzt werden.

Hunde sind eben nicht nur süß, sondern auch noch unglaublich schlau.

Glocke mit der Nase, Lampe mit der Pfote

Die Aufgabe
Dieses Spiel ist komplexer. Erstes Übungsziel ist, dass der Hund lernt, dass die Klingel nur mit der Nase berührt wird und die Bodenlampe mit der Pfote. Diese Spiele bereiten Sie und Ihren Hund auf das Geometrie-Spiel vor, bei dem der Hund Körperteile unterscheiden soll.

Dafür benötigen Sie
> Die Mahlzeit Ihres Hundes oder kalorienarme Leckerchen
> Rezeptionsklingel, Bodenlampe

Und so geht's
DIE REZEPTIONSKLINGEL: Stellen Sie die Klingel auf den Boden. Wenn der Hund die Klingel mit der Nase berührt, bekommt er eine Belohnung. Versucht Ihr Hund es mit der Pfote, gehen Sie wie im „Tipp, wenn's nicht klappt" vor, bis der Hund die Klingel zuverlässig mit der Nase toucht.

DIE BODENLAMPE: Stellen Sie die Lampe auf den Boden. Berührt der Hund die Lampe mit der Pfote, bekommt er eine Belohnung. Wie bei allen Einstein-Spielen, bekommt der Hund keinen Tipp und die Lampe wird auch nicht mit einem Wort belegt. Der Hund soll selbstständig erarbeiten, was zu tun ist. Spielen Sie vorerst entweder nur mit der Klingel oder der Bodenlampe, bis der Hund wirklich verstanden hat, wann die Nase und wann die Pfoten eingesetzt werden sollen.

Tipp, wenn's nicht klappt
Es gibt Vierbeiner, die alles mit den Pfoten berühren wollen. Um dem Hund zu vermitteln, dass die Klingel ausschließlich mit der Nase berührt werden soll, nehmen Sie die Klingel in die Hand und halten Sie so, dass der Hund mit der Pfote nicht dran kommt. Toucht der tierische Spielpartner die Klingel nun zuverlässig mit der Nase, arbeiten wir uns mit der Klingel in der Hand immer weiter zum Boden hinunter, bis die Klingel auf dem Boden stehend vom Hund noch immer zuverlässig mit der Nase getoucht wird.

Die Glocke darf nur mit der Nase berührt werden.

Variation

Mehrere Personen und mehrere Hunde

Selbstverständlich können Sie auch dieses Spiel mit zwei Personen spielen, zwischen denen der Hund hin- und herläuft. Wenn Sie mit Kindern spielen, achten Sie bitte darauf, dass der Vierbeiner auch wirklich das „richtige" Körperteil einsetzt. Für mehrere Hunde ist dieses Spiel als Lern-Spiel geeignet. Mehrere Hunde betätigen nacheinander die Glocke und/oder die Lampe mit Nase und Pfote.

Mehrere Aktionen

Bei dieser Variation erlernt der Vierbeiner nun eine sogenannte Verhaltenskette. Es genügt nun nicht mehr, nur die Klingel oder nur die Lampe zu betätigen, Ihr Hund soll lernen, erst die Klingel, dann die Lampe zu betätigen. Dafür stellen Sie am Anfang die Klingel und die Lampe direkt nebeneinander. Betätigt Ihr Hund nun die Klingel mit der Nase und die Lampe mit der Pfote, bekommt er eine Belohnung. Später können Sie die Distanz zwischen Klingel und Lampe erhöhen.

Die Lampe soll Smartie mit der Pfote berühren.

Lassen Sie Ihren Hund ruhig erst ausprobieren, geben Sie nicht zu früh Tipps.

Distanzspiele mit Glocke und Bodenlampe

Die Aufgabe
Ihr Hund soll lernen, immer weiter von Ihnen wegzugehen, bevor er seine Belohnung erhält. Dies ist die Vorbereitung auf „Blingspiele verkehrt".

Dafür benötigen Sie
> Die Mahlzeit Ihres Hundes oder kalorienarme Leckerchen
> Rezeptionsklingel, Bodenlampe

Und so geht's
Die Distanzen zwischen Ihnen, der Klingel und der Bodenlampe werden nun langsam erhöht.

DIE BODENLAMPE: Stellen Sie die Lampe in einer kurzen Distanz zu Ihnen auf den Boden. Geht der Hund nun zur Lampe, betätigt diese mit der Pfote und kommt zu Ihnen zurück, bekommt er eine Belohnung. Erhöhen Sie langsam die Distanz zu Ihnen und der Lampe.

DIE REZEPTIONSKLINGEL: Gleiches Vorgehen wie bei der Lampe. Achten Sie darauf, dass der Vierbeiner die Klingel mit der Nase betätigt.

Tipp, wenn's nicht klappt
Verringern Sie die Distanzen wieder. Vielleicht haben Sie zu große Schritte gemacht, obwohl der Hund noch nicht wirklich verstanden hat, was er tun soll.

Variation

Über große Distanzen
Nun üben wir die Verhaltenskette auf Distanz. Dafür stellen Sie die Klingel und die Lampe links und rechts an der Wand des Raumes auf. Ihr Hund soll nun von einer Seite des Raumes, wo er die Lampe mit der Pfote berührt, auf die andere Seite des Raumes laufen, wo er die Klingel mit der Nase betätigt. Hat er beide Aufgaben erfüllt, soll er zu Ihnen zurückkommen und sich sein Leckerchen abholen.

Mehrere Räume
Wirklich spannend wird es, wenn Ihr Hundefreund dieses Spiel über mehrere Räume spielen kann. Stellen Sie die Glocke außerhalb des Raumes auf, in dem Sie bisher gespielt haben. Stellen Sie die Glocke anfangs nicht zu weit weg auf, vielleicht gehen Sie zunächst nur Richtung Tür. Hat Ihr Hund verstanden, um was es geht, stellen Sie die Glocke immer weiter weg, bis sie in einem anderen Raum steht. Selbstverständlich kommt Ihr Vierbeiner nach jeder Aktion zu Ihnen zurück und holt sich bei Ihnen seine Belohnung ab.

Oben: Glocke und Lampe stehen nun mit einem größeren Abstand zueinander.

Unten: Ihr Hund arbeitet beide Aufgaben ab und bekommt dann von Ihnen die Belohnung.

Blingspiele verkehrt

Die Aufgabe
Ihr Hund soll lernen, einen von Ihnen gewünschten Gegenstand zu bringen, wenn Sie klingeln.

Dafür benötigen Sie
> Die Mahlzeit Ihres Hundes oder kalorienarme Leckerchen
> Rezeptionsklingel

Und so geht's
Ihr Hund wird zum „Butler". Diesmal haben Sie die Klingel in der Hand. Wenn Sie klingeln, soll der Vierbeiner eine Aufgabe erledigen. Er soll etwa Ihre Hausschuhe holen, seine Leine bringen oder einfach nur ein Spielzeug apportieren oder aufräumen. Ihre Hausschuhe oder der Gegenstand, dem sich der Hund zuwenden soll, liegt dabei neben Ihnen. Nun betätigen Sie die Klingel. Warten Sie, bis Ihnen der Hund die von Ihnen gewünschte Aktion anzeigt. Bestärken Sie jede Reaktion, die in die richtige Richtung geht: Blick zu den Schuhen, berühren der Schuhe … Alles andere wird ignoriert. Bringt Ihr tierischer Mitbewohner die Hausschuhe oder den gewünschten Gegenstand, bekommt er ein Riesenlob und sein wohlverdientes Leckerchen! Danach hat er sich eine Pause verdient, denn diese Denkleistung ist für ihn wirklich anstrengend.

Tipp, wenn's nicht klappt
Diese Verhaltenskette stellt an Ihren Hund schon große Anforderungen. Dieses Spiel habe ich aus der Servicehund-Ausbildung für taube Menschen abgeleitet. Servicehunde für Taube werden völlig ohne Wörter trainiert. Diese Hunde erarbeiten sich ihre Erfolge absolut selbstständig. Gehen Sie also bei diesem Spiel genau so vor wie in der Servicehunde-Ausbildung. Haben Sie viel Geduld. Warten Sie ab, bis Ihnen der Vierbeiner etwas anbietet. Belohnen Sie eventuell sofort die ersten richtigen Aktionen, die der Hund zeigt. Wie schon erwähnt, handelt es sich hier um ein für Ihren Hund völlig neues Lernsystem, das er erst verinnerlichen muss.

Oben links: Nun haben Sie die Glocke in der Hand.

Oben rechts: Lassen Sie auch hier Ihren Hund erst selbstständig über die Lösung der Aufgabe nachdenken.

Unten: Ein Hund, der Schuhe bringen kann, ist durchaus praktisch!

Kognitive Fähigkeiten

Kognitives Lernen heißt Lernen durch Einsicht und gliedert sich in sechs Phasen. Dies ist die effektivste Form des Lernens, da die Probleme ohne Hinweis selbst gelöst werden müssen.

Effektiv lernen durch Einsicht

Die sechs Phasen kognitiven Lernens lauten:
1. Problem erkennen
2. Probierverhalten
3. Nachdenken
4. Einsicht und Lösung
5. Anwendung der Lösung
6. Übertragung auf andere Probleme

Allen Spielen voran sind die Geometriespiele die besten Beispiele für kognitives Lernen. Sieht der Hund beispielsweise den runden Glasuntersetzer, hat er erst mal ein Problem: Schließlich hätte er ja gerne eine Belohnung. Also wird er alles Mögliche ausprobieren: Pfote geben, bellen, hinlegen, jammern usw. Irgendwann wird er seine Nase einsetzen und die „Einsicht" haben, dass in Verbindung mit dem runden Untersetzer nur die Nase Erfolg hat. Um bei den weiteren Formen zum Erfolg zu kommen, muss er immer wieder dieses Lernen über Einsicht einsetzen. Der Hund überträgt die Problemlösung also auf alle anderen ihm gezeigten Formen. Er merkt sich auch die jeweilige Lösung zu einem Problem (rund = immer Nase) und überträgt den Lösungsansatz (Form = etwas anbieten) auf alle anderen Formen, die ihm in Zukunft gezeigt werden.
 Sie können also je nach Lust, Laune und Zeit die verschiedensten Formen, mit allen möglichen Aktionen belegen. Werden sie kreativ!

Souverän durch Nachdenken

Ein Hund, der gelernt hat, erst darüber nachzudenken, was er tut, wird auch im Alltag ein wesentlich souveränerer Hund sein. „Probleme" treten ja nicht nur in Form von Lernspielen auf, sondern auch im sozialen Umfeld des Hundes. Sei es im Umgang mit Menschen, mit Umwelteinflüssen oder mit anderen Hunden. Zielorientiertes, beherrschtes und selbstsicheres Lösen solcher Probleme kann durch die im Buch beschriebenen Spiele erlernt werden.

„Soll ich Männchen machen, wenn du klingelst?"

Formen und Farben unterscheiden

Bei diesen Spielen kommen wieder unsere bereits verwendeten Glasuntersetzer, bunte Pappe und/oder Dekosteine zum Einsatz.

Blindenführhunde sind Mathe-Genies

Hunde können nicht nur Bilder lernen, sondern auch Formen, Farben und Mengen unterscheiden.
Gael, ein 7-jähriger Weißer Schäferhund, arbeitet für sein Herrchen als Blindenführhund. Gael hat gelernt, wie ein Zebrastreifen aussieht. Er weiß, wie viele (Menge) weiße (Farbe) Streifen, in welcher Breite (Form) und in welchem Abstand auf der Straße sein müssen, damit er sein blindes Herrchen sicher über die Straße führen kann. Gehen Sie mal durch die Straßen und schauen Sie bewusst, wie viele weiße, gelbe und blaue Streifen da auf der Straße sind. Würde Gael nicht wissen, welche Form und Farbe ein Zebrastreifen hat, würde er sein Herrchen bei allen Streifen über die Straße führen. Dies könnte für die zwei schlecht enden …

Hunde lesen Fingersprache

Service-Hunde (früher: Behindertenbegleithunde) werden für die unterschiedlichsten Bedürfnisse ausgebildet und trainiert. Hunde für Taube reagieren auf Handzeichen und/oder die Anzahl der Finger, die ihnen der Mensch zeigt. Diabetikerwarnhunde müssen beispielsweise die richtige Packung Medikamente holen.

Schlaue Streuner

Im Moment werden die sogenannten „Moskauer Metro-Hunde" genauer untersucht. Sie fahren mit der U-Bahn gezielt Stationen an, wissen genau, wann und wo sie aussteigen müssen. Es ist noch nicht wirklich erforscht wie diese Hunde „ihre" Station finden. Bewiesen ist aber, dass Hunde Wörter lernen können und sogar in Kategorien einteilen können (Border Collie Chaser etwa kennt über 1000 Wörter). Ich denke, die Moskauer Metro-Hunde merken sich einfach den Namen der U-Bahn-Station, an der sie die größten Nahrungserfolge hatten.

Mögliche Einsatzgebiete

Kinder
Vorschulkinder können zusammen mit dem Hund Formen, Farben, Zahlen und Buchstaben lernen.
Lernbehinderte Kinder haben größere Erfolgserlebnisse, da Hunde nicht korrigierend einwirken können. Das Kind hat genügend Zeit, die richtige Form, Farbe, Zahl und Buchstaben zu erkennen. Hunde kritisieren nicht.

Therapie
Die Einsatzmöglichkeit ist die gleiche wie bei Kindern. Bei allen Formen der Demenzerkrankungen gut einsetzbar, motiviert der Hund Patienten oft zu ungeahnten Leistungen. Dies steigert Selbstbewusstsein, Selbstvertrauen und Agilität der Patienten.

Handicap-Hunde
Sehr gut für taube Hunde geeignet. Da taube Hunde sowieso ihr Sehvermögen überall gezielt einsetzen müssen, sind diese Spiele eine optimale Beschäftigung.

Vertrauen
Die Zusammenarbeit zwischen Hund und Halter wird bei diesen Spielen enger. Angstabbau und Vertrauen werden gefördert und verstärkt. Die steigern das Selbstvertrauen und Selbstbewusstsein von unsicheren Hunden.

Formen

Die Aufgabe
Ihr Hund soll lernen, einen Kreis, ein Viereck und ein Dreieck zu unterscheiden und dies mit einer Aktion zu verknüpfen.

Dafür benötigen Sie
> Die Mahlzeit Ihres Hundes oder kalorienarme Leckerchen
> Glasuntersetzer aus Kork oder Bastelpappe, da man diese leicht in die gewünschte Form schneiden kann

Und so geht's
Die Formenbelegung sieht bei uns beispielsweise folgendermaßen aus:
> Kreis = Nase
> Viereck = Pfote
> Dreieck = Diener
> Halbkreis = Drehung

Kreis – Nase
Beginnen Sie zuerst mit dem Kreis, also mit dem runden Glasuntersetzer. Sie haben den Untersetzer in der Hand. Halten Sie diesen nicht zu hoch und nicht zu tief. Für mittelgroße Hund ist eine Höhe von 20 bis 30 Zentimetern über dem Boden optimal. Bei kleineren Hunden halten Sie den Untersetzer natürlich niedriger und bei größeren Hunden etwas höher. Zeigen Sie dem Hund den runden Glasuntersetzer. Die meisten Vierbeiner verstehen sehr schnell, dass es darum geht, den runden Untersetzer mit der Nase zu berühren. Immer wenn Ihr Hund das tut, wird er belohnt. Wie bei allen Spielen zuvor, bekommt der Hund keinen Tipp. Sie sagen also nicht „stups" oder „touch". Ihr Hund wird sehr schnell von alleine auf die Lösung kommen.

Viereck – Pfote
Haben Sie den Eindruck, Ihr Hund hat verstanden, um was es beim Kreis geht, führen Sie die zweite Form, das Viereck ein. Zeigen Sie dem Hund nun das Viereck. Er wird erst versuchen, wieder mit der Nase zum Erfolg zu kommen. Sie ignorieren das und warten, bis der Hund das Viereck mit der Pfote berührt. Sie spielen vorab nur mit diesen beiden Formen, bis der Hund sichtbar gelernt hat, welche Aktion und welches Körperteil zu welcher Form gehört. Sie zeigen Ihrem Hund bitte immer nur eine der Formen.

Tipp, wenn's nicht klappt
Wenn Ihr Hund dieses spezielle Lernsystem aufgrund der vorherigen Spiele inzwischen verstanden hat, wird er schnell auf die Lösung kommen. Falls Sie mit diesem Spiel beginnen, kann es eventuell etwas länger dauern. Geben Sie dem Hund genug Zeit zum Ausprobieren der verschiedenen Möglichkeiten. Klappt es doch nicht, arbeiten Sie länger nur mit einer Form und fügen die nächste Form erst hinzu, wenn eine Form sicher mit der Aktion belegt wird.

Oben: Der runde Untersetzer darf nur mit der Nase berührt werden.

Unten: Der viereckige hingegen nur mit der Pfote.

Variation

Formen

Wenn Ihr Hund die Formen gelernt hat, können Sie diese auf den Boden legen oder mit einem Klebeband an die Wand kleben. (Bitte nicht zu hoch ankleben, Ihr Hund sollte ja mit der Pfote an das Viereck kommen.) Nun muss Ihr Hund die Formen auf dem Boden oder an der Wand mit jeweils dem richtigen Körperteil berühren. Verknüpfen Sie die Formen mit einer Aktion, ähnlich den „Blingspielen verkehrt" (siehe Seite 48). Der Kreis beispielsweise kann heißen, dass Ihr Hund sein Halsband bringen soll, das Viereck kann bedeute, dass er Ihre Hausschuhe bringen soll usw. Der Kreativität ist wie bei allen Spielen keine Grenze gesetzt. Sie können die Aktionen an Ihre individuellen Bedürfnisse und an Ihren Hund anpassen.

Variation

Draußen

Abgewandelt können Sie mit diesen Spielen auch draußen aktiv werden.
FORMEN: Unterschiedliche Pflastersteine, unterschiedliche Bäume oder Pfosten, usw. Ihr Hund soll bei einem bestimmten Baum oder Busch eine Aktion oder Trick ausführen.
FARBEN: Alles, was bunt ist, wie Briefkästen, Markierungen, Bodenplatten ist geeignet.
ZÄHLEN: Steine oder beispielsweise Tannenzapfen zum Zählen finden Sie überall.
LESEN: Buchstaben aus kleinen Stöckchen legen.

Mein Tipp

Werden Sie auch hier wieder selbst kreativ und denken Sie sich neue Variationen aus. Ich bin mir sicher, Sie werden Ihre Gassi-Begleiter damit schwer beeindrucken.

„Wann geht's endlich weiter?" Papillon Smartie wartet gespannt auf das nächste Spiel.

Formen und Tricks

Die Aufgabe
Ihr Hund soll lernen, einen bestimmten Trick mit einer Form zu verknüpfen (Tricks siehe Seite 62).

Dafür benötigen Sie
> Die Mahlzeit Ihres Hundes oder kalorienarme Leckerchen
> Glasuntersetzer aus Kork, da man diese leicht in die gewünschte Form schneiden kann

Und so geht's
DER DIENER: Schneiden Sie einen viereckigen Glasuntersetzer in der Mitte durch, sodass Sie ein Dreieck erhalten. Ihr Hund sollte im Vorfeld ein paar Tricks können. Sie legen in Gedanken fest, welchen Trick Sie bei dem Dreieck sehen möchten. Zeigen Sie dem Hund das Dreieck und warten Sie, was er Ihnen anbietet. Führt er den von Ihnen „gedachten" Trick aus, bekommt er eine

Sieht Metchley das Dreieck, macht er einen Diener. Die anderen Formen auf dem Boden ignoriert er.

Belohnung. Bei uns ist das Dreieck mit einem „Diener" verknüpft. Geben Sie dem Hund keinen Tipp. Er soll ausprobieren und Ihnen Angebote machen.

DIE DREHUNG: Schneiden Sie einen runden Glasuntersetzer in der Mitte durch, sodass Sie einen Halbkreis erhalten. Sie legen in Gedanken fest, welchen Trick Sie bei dem Halbkreis sehen möchten. Zeigen Sie dem Hund den Halbkreis und warten Sie, was er Ihnen anbietet. Führt er den von Ihnen „gedachten" Trick aus, bekommt er wiederum eine Belohnung. Bei uns ist der Halbkreis beispielsweise mit einer Drehung verknüpft. Geben Sie dem Hund keinen Tipp. Er soll ausprobieren und Ihnen Angebote machen.

Tipp, wenn's nicht klappt

Das Dreieck und der Halbkreis sehen sich sehr ähnlich. Deshalb sind diese beiden Formen für den Hund eine große Herausforderung. Er muss genau hinsehen und konzentriert mit Ihnen arbeiten.

Üben Sie vorher die Tricks gut ein. Gehen Sie einen Schritt zurück und üben Sie den Kreis und das Viereck weiter. Wenn etwas so gar nicht klappen möchte, brechen Sie das Spiel mit einer positiven Übung für den Hund ab und versuchen Sie es später noch einmal. Wenn Ihr Hund dieses spezielle Lernsystem aufgrund der vorherigen Spiele inzwischen verstanden hat, wird er Ihnen aber sicherlich etwas anbieten.

Der Halbkreis ist bei Metchley mit einer Drehung verknüpft. Erst wenn er die komplette Drehung ausgeführt hat, gibt es eine Belohnung.

Tricks

Die Aufgabe
Die meisten Hunde können in der Regel schon einige kleine Tricks wie beispielsweise, die Pfote zu geben. Bietet Ihnen Ihr Hund diesen Trick an, können Sie selbstverständlich auch diesen mit einer Form verknüpfen.

Dafür benötigen Sie
> Die Mahlzeit Ihres Hundes oder kalorienarme Leckerchen

Und so geht's
DIENER/VERBEUGEN: Ihr Hund steht vor Ihnen. Nehmen Sie ausnahmsweise ein Leckerchen in die Hand und schieben Sie Ihrem Hund die Leckerchenhand zwischen die Vorderbeine. Um an das Leckerchen zu kommen, muss der Hund sich nach vorne verbeugen. Tut er dies, öffnen Sie die Hand, sodass der Hund das Leckerchen in der gebeugten Haltung nehmen kann. Haben Sie den Eindruck Ihr Hund hat verstanden, um was es geht, schieben Sie die leere Hand zwischen seine Vorderbeine, sagen „verbeugen" (oder welches Wort auch immer Sie dafür verwenden möchten) und belohnen den Hund. Funktioniert dies, wird die Hilfshand immer weniger eingesetzt.

DREHUNG: Ihr Hund steht vor Ihnen. Nutzen Sie die leere Hand, wie auch im Buch „Hundetraining ohne Worte" beschrieben, und leiten Sie Ihren Hund damit in eine Drehung. Beim Handtouch-Training folgt der Hund der leeren Hand, egal in welche Richtung Sie Ihre Hand bewegen. Arbeiten Sie die Hilfe-Hand immer weiter vom Hund weg, bis er Ihnen die Drehung nur noch auf Kommando anbietet, das Sie irgendwann wie beim Diener beschrieben einführen.

Mein Tipp
Auch wenn Sie die Tricks mit Wörtern belegt haben, verwenden Sie diese Kommandos im Spiel bitte nicht. Bei den Spielen geht es darum, dass der Hund von alleine eine Aktion anbietet. Warten Sie im Spiel also wirklich auf die Angebote Ihres Hundes. Welchen Trick Sie mit einer Form verknüpfen, ist letztendlich egal. Falls Ihr Hund noch keine Tricks kann, können Sie auch ein Sitz oder Platz mit den Formen verknüpfen. Für den Hund ist Sitz ja schlussendlich auch nur ein Trick.

Formen und Farben unterscheiden

Farben

Die Aufgabe
Ihr Hund soll lernen, Farben zu unterscheiden.

Dafür benötigen Sie
> Die Mahlzeit Ihres Hundes oder kalorienarme Leckerchen
> kleine, bunte Bodentargets oder bunte Bastelpappe

Und so geht's
Der Spielablauf ist ähnlich wie bei dem Bilder-Karten-Spiel. Sie legen in Gedanken fest, welche Farbe sich für den Hund lohnen soll. Verwenden Sie bitte Rot und Grün nicht gleichzeitig. Hunde können, was inzwischen erwiesen ist, Farben sehen, sind jedoch rot-rün-blind. Wir verwenden beispielsweise einen roten und einen gelben kleinen Bodentarget. Zeigen Sie Ihrem Hund beide Farben. Toucht der Hund die richtige, von Ihnen festgelegte, Farbe bekommt er eine Belohnung. Toucht er die falsche Farbe, nehmen Sie die Targets weg und zeigen Sie sie dem Hund nach ein paar Sekunden noch einmal.

Tipp, wenn's nicht klappt
Verwenden Sie klare und deutliche Farbkarten. Verwenden Sie Rot und Grün nicht gleichzeitig.

Variation

Farben
Legen Sie die farbigen Targets auf den Boden oder kleben Sie sie an die Wand. Ihr Hund soll nun zur richtigen Farbe gehen. Verbinden Sie bestimmte Farben mit bestimmten Aktionen wie bei den Formenspielen. Verwenden Sie farbige Becher oder Teller.

Hier schaut sich Sam die zwei Farb-Targets genau an und überlegt, welche wohl Erfolg bringen könnte.

Zählen

Die Aufgabe
Ihr Hund soll lernen, Mengen zu unterscheiden.

Dafür benötigen Sie
> Die Mahlzeit Ihres Hundes oder kalorienarme Leckerchen
> Dekosteine, kleine Bälle; für die Variationen Deko-Buchstaben, Schere, Stift und Papier

Und so geht's
Beginnen Sie mit einem Stein (oder Ball oder Ähnliches). Legen Sie diesen auf den Boden und sagen Sie „Eins". Toucht der Hund den Stein, bekommt er eine Belohnung. Dann legen Sie zwei Steine neben den einzelnen Stein und sagen „Zwei". Toucht der Hund diese, bekommt er eine Belohnung. Wechseln Sie nun die Zahlen „Eins" und „Zwei" ab. Immer wenn der Hund zur richtigen Menge geht, bekommt er eine Belohnung. Funktioniert das, führen Sie eine Dreiergruppe ein. Also legen Sie drei Steine neben die zwei Steine und bauen das Wort „Drei" auf. Verfahren Sie so weiter. Wie weit Ihr Hund zählen lernt, liegt nun an Ihnen.

Tipp, wenn's nicht klappt
Dieses Spiel verlangt Ihrem Hund eine große Denkleistung ab. Haben Sie Geduld. Trainieren Sie in langsamen, kleinen Schritten. Lieber etwas länger „Eins" und „Zwei" trainieren.

Chuck hört seinem Frauchen aufmerksam zu.

Und entscheidet sich für die richtige Menge.

Formen und Farben unterscheiden

Lesen

Die Aufgabe
Ihr Hund soll lernen, Buchstaben zu unterscheiden.

Dafür benötigen Sie
> Die Mahlzeit Ihres Hundes oder kalorienarme Leckerchen
> Deko-Buchstaben oder Schere, Stift, Papier

Und so geht's
Schneiden Sie aus Papier Buchstaben aus. Beginnen Sie mit dem „A". Toucht Ihr Hund den Papierbuchstaben, der auf dem Boden liegt, bekommt er ein Leckerchen. Verfahren Sie so mit den weiteren Buchstaben, wobei die vorherigen ebenfalls auf dem Boden liegen bleiben. Genau wie beim Zählspiel. Wie weit Ihr Hund das Alphabet lernt, liegt nun wieder bei Ihnen.

Tipp, wenn's nicht klappt
Dieses Spiel verlangt Ihrem Hund eine große Denkleistung ab. Haben Sie Geduld. Trainieren Sie in langsamen, kleinen Schritten. Da Buchstaben genau betrachtet auch nur Formen sind, wird Ihr Hund diese genau so gut lernen können wie Kreise, Vierecke, Dreiecke und Halbkreise.

Links-Rechts-Spiel

Die Aufgabe
Ihr Hund soll lernen, links und rechts zu unterscheiden.

Dafür benötigen Sie
> Die Mahlzeit Ihres Hundes oder kalorienarme Leckerchen
> Zwei kleine Schüsselchen oder größere Gläser

Und so geht's
Ihr Hund steht vor Ihnen. Ein Schüsselchen steht links von Ihnen, eines rechts. Drehen Sie die Schüsselchen um und legen jeweils ein Leckerchen so darunter, dass es abgedeckt ist. Achtung: Bedenken Sie, dass Ihr Hund ja seitenverkehrt vor Ihnen steht. Ihre linke Seite ist also seine rechte und Ihre rechte Seite ist seine linke. Sie müssen also umdenken. Sagen Sie nun zum Hund „rechts". Geht der Hund zum richtigen Schüsselchen, heben Sie dieses hoch und Ihr Hund darf sich das Leckerchen nehmen. Dann sagen Sie zum Hund „links". Geht er zum richtigen Schüsselchen, wird dieses ebenfalls aufgehoben und er darf sich das Leckerchen nehmen. Üben Sie die Seiten links und rechts auch einzeln.

Tipp, wenn's nicht klappt
Wie bei allen Spielen gilt auch hier: So wenig wie möglich Tipps geben. Der Hund soll erst selber nachdenken. Eventuell können Sie, falls es so überhaupt nicht klappt, mit dem Kopf eine kleine Bewegung in die richtige Richtung machen. Aber beobachten Sie ruhig Ihren Hund beim Denken. Er wird sicher ganz schnell von alleine draufkommen, was Sie möchten.

Variation
Hat Ihr Hund die Seiten links und rechts gelernt, können Sie wieder die Distanzen erhöhen. Die Schüsselchen stehen nun immer weiter auseinander und auch Sie stehen oder sitzen immer weiter von den Schüsselchen weg. Sie können dieses Spiel auch mit den Spielen zur Körperteile-Unterscheidung kombinieren. Nun liegt kein Leckerchen mehr unter den Schüsselchen, sondern Ihr Hund soll bei den Schüsselchen eine Aufgabe erledigen. Zum Beispiel beim Wort „rechts" zur rechten Schüssel gehen und diese mit der Pfote berühren. Beim Wort „links" nach links gehen und dort die Schüssel mit der Nase berühren.

Oben: Ihr Hund hört Ihnen aufmerksam zu.

Unten: Und geht dann auf die von Ihnen angesagte Seite.

Das Zwillinge-Spiel

Die Aufgabe
Ihr Hund soll lernen zwei identische Gegenstände zu erkennen und den „Zwilling" dazu zu bringen

Dafür benötigen Sie
> Die Mahlzeit ihres Hundes oder kalorienarme Leckerchen
> Mehrere identische Gegenstände wie z. B. zwei gleiche kleine Plüschtiere, zwei gleiche Bälle, zwei gleiche Socken oder Schuhe, zwei gleiche Püppchen, zwei gleiche Figuren, usw.

Und so geht's
Beginnen Sie z. B. mit den beiden gleichen Plüschtieren. Eines dieser Plüschtiere liegt in geringer Distanz auf dem Boden, das andere Plüschtier haben Sie in der Hand. Nun fordern Sie ihren Hund mit den Worten „... das gleiche ...." auf, das Plüschtier zu bringen. Ihr Hund soll verstehen lernen, dass sie immer den identischen Gegenstand haben möchten.

Sagen Sie nicht „bring", denn ihr Hund soll lernen sich an der Optik des Gegenstandes zu orientieren, nicht aber an dem Wort „bring". Ihr Hund muss erst verstehen, dass die Aufforderung „.... das gleiche ..." heißt: Schau dir (Hund) die Gegenstände an und bringe mir den, der genau so aussieht.

Haben Sie den Eindruck, Ihr Hund hat verstanden um was es geht, fügen Sie die nächsten beiden Gegenstände hinzu. Nun liegt eines der Plüschtiere und z.B. einer der Bälle in einer kurzen Distanz auf dem Boden, die Gegenstücke haben Sie bei sich. Zeigen sie ihrem Hund nun z.B. den Ball und fordern Sie ihn wieder mit den Worten „... das gleiche ..." auf, den „Zwilling" zu dem Ball, den Sie in der Hand haben, zu bringen.

Der Hund hat verstanden und bringt das gleiche Plüschtier.

Funny meistert auch die schwierigere Variante mit einem Foto.

Klappt es mit zwei Gegenständen, können Sie weitere Gegenstände hinzufügen. Keine Angst, Ihr Hund wird das Kommando „bring" nicht verlernen oder vergessen. Die Worte „... das gleiche ..." sind Gegenstand gebunden, das Kommando „bring" ist Gegenstand unabhängig. Das wir Ihr Hund sehr schnell unterscheiden können.

Variation

Für Ihr nun vierbeiniges Einstein „Super-Hirn" gibt es eine spannende Variation mit Bildern.

Fotografieren Sie die Gegenstände, die der Hund schon zuverlässig auf „... das gleiche ..." bringt und drucken sie Farbfotos aus. Achten Sie auf eine hohe Auflösung, so das die Gegenstände auf dem Bild für den Hund eindeutig identifizierbar sind.

Statt der Gegenstände haben sie nun nur noch die Fotos in der Hand, die Gegenstände liegen in einer kurzen Distanz auf dem Boden. Zeigen sie dem Hund das Foto eines Gegenstandes und fordern sie ihn wieder mit den Worten „... das gleiche ..." auf, den Gegenstand zu holen, der auf dem Foto zu sehen ist. Schafft ihr Hund das, hat er Abiturreife.

Tipp wenn's nicht klappt

Geben sie Ihrem Hund genügend Zeit, dieses ebenfalls für ihn neue System zu erkennen und zu erlernen. Haben Sie auch hier viel Geduld und geben Sie nicht zu früh auf. Dieses Spiel ist sehr Anspruchsvoll.

Gegebenenfalls können sie den „Zwilling" auch neben sich legen, die Distanz am Anfang also sehr kurz halten. Verhindern sie aber auch bei diesem Spiel, dass Sie zu schnell Tipps geben. Ihr Hund wird sonst immer auf einen Tipp warten.

Spaß mit Flaschen

Das Spiele-Material besteht lediglich aus leeren PET-Flaschen, die in der Regel in jedem Haushalt zur Verfügung stehen.

Mutproben

Meine Sunny war ein sehr schreckhafter Welpe, als wir sie 1999 aus dem Tierheim holten. Ich musste ihr auf spielerisch-positive Weise beibringen, dass sie nicht immer im Erdboden versinken muss, wenn etwas runter- oder umfällt. Mit den Flaschenspielen erlangte Sunny ganz schnell mehr Selbstbewusstsein und legte ihre Schreckhaftigkeit völlig ab. Diese Flaschenspiele waren vor 17 Jahren die Geburtsstunde der Einstein-Spiele.

Pädagogisch wertvoll

Diese Spiele habe ich ansatzweise schon im Buch „Hundetraining ohne Worte" vorgestellt. Eine Leserreaktion auf diese Spiele war: „So ein sinnloser Quatsch, das ist pädagogisch überhaupt nicht wertvoll ..." Es wurde behauptet, dass die gängigen Holz-Intelligenzspiele pädagogisch wertvoller seien. Wie bereits schon erklärt, ist dies aber nicht unbedingt so, wie folgende Aufzählung zeigt.

HOLZ-INTELLIGENZSPIELE
> Der Hund spielt alleine mit dem Spielzeug.
> Der Mensch fungiert nur als „Auffüller".
> Der Hund wird vom Spielzeug belohnt.
> Der Halter ist im Spiel außen vor, spielt nicht mit dem Hund.

FLASCHENSPIELE
> Der Hund muss denken und eine Aufgabe erledigen.
> Der Zweibeiner fungiert als Spielleiter und Spielpartner.
> Der Hund wird immer vom Halter belohnt.
> Der Zweibeiner spielt mit dem Vierbeiner, da sich dieser immer wieder am Menschen orientieren muss.

Ihr Hund wird die richtige Lösung durch Ausprobieren erst finden.

Mögliche Einsatzgebiete

Kinder
Lustige Spiele für Kinder-Hunde-Gruppen. Selbstverständlich spielen Kinder und Hunde bitte nie ohne Aufsicht.

Therapie
Für die Therapiearbeit weniger oder nicht geeignet. Allenfalls für Patienten, die körperlich noch mobil sind.

Handicap-Hunde
Im Prinzip können alle Hunde mit Handicap diese Spiele machen, außer blinde Vierbeiner.

Vertrauen
Wie erwähnt ist dieses Spiel sehr gut für sogenannte Angsthunde geeignet. Das Spiel fördert das Selbstvertrauen des Hundes, baut Schreckhaftigkeit ab – also eine wunderbare Mutprobe.

Hundeschule
Sehr gerne setze ich diese Spiele in Welpengruppen und der Junghunde-Erziehung ein. Flaschenspiele sind unendlich variabel und an jede Lernsituation anzupassen. Egal ob als Impulskontroll-Training schon im Welpenalter, Warte- und Bleib-Training im Junghunde-Kurs, in Gruppenarbeit oder einfach nur zum Spaß für zwischendurch.

Flaschenspiele

Die Aufgabe
Die Grundaufgabe des Hundes ist es, die Flaschen mit der Nase umzustupsen.

Dafür benötigen Sie
> Die Mahlzeit Ihres Hundes oder kalorienarme Leckerchen
> Leere PET-Flaschen in unterschiedlichen Größen und Farben

Und so geht's
Stellen Sie eine leere PET-Flasche neben den Hund. Stupst der Hund die Flasche mit der Nase um, bekommt er eine Belohnung. Erste Spielregel ist, dass der Hund die Flasche ausschließlich mit der Nase umstupsen darf. Hat der Hund verstanden, um was es geht, wird die Anzahl der Flaschen erhöht. Er soll jetzt nicht nur eine Flasche umstupsen, sondern zwei, drei oder vier Flaschen, bis er sein Leckerchen bekommt.

Tipp, wenn's nicht klappt
Normalerweise stupsen Hunde die Flasche sofort mit der Nase an, da Hunde grundsätzlich neugierig sind. Funktioniert es wirklich gar nicht, tippen Sie mit dem Finger ein paar Mal auf die Flasche. Um zu verhindern, dass die Flasche zu weit weg rollt oder von temperamentvollen Hunden durch den Raum geschubst wird, füllen Sie sie mit etwas Wasser.

Oben: Langsames Herantasten an die „gefährliche" Flasche.

Unten: Die Flasche soll immer mit der Nase umgestupst werden.

Variation

Größen erkennen
Wir fordern und fördern wieder das optische Lernen des Hundes. Stellen Sie Flaschen in unterschiedlichen Größen in einer Reihe auf. Nun soll der Hund beispielsweise bei der größten Flasche anfangen. Das heißt, er wirft als Erstes die größte Flasche in der Reihe um und als Letztes die kleinste Flasche.

Farben erkennen
Malen Sie die Flaschen in unterschiedlichen Farben an. (Bitte nicht Rot und Grün in einer Reihe, da die Hunde dies nicht gut unterscheiden können.) Nun soll der Hund die farbigen Flaschen in einer bestimmten Reihenfolge umwerfen.

Marken erkennen
Ja, so unglaublich es klingt, Sie können Ihren Hund auch auf die unterschiedlichen Marken bzw. Flaschenetiketten konditionieren.

Oben: Wenn es nicht klappt, geben Sie einen kleinen Hinweis.

Unten: Für ängstliche Hunde können die Flaschenspiele eine erfolgreiche Mutprobe werden.

Flaschenspiele

Spiele für mehrere Personen

Die Aufgabe
Ihr Hund soll lernen, zwischen zwei Personen hin- und herzulaufen und die Flasche, die bei der jeweiligen Person steht, umzuwerfen.

Dafür benötigen Sie
> Die Mahlzeit Ihres Hundes oder kalorienarme Leckerchen
> Leere PET-Flaschen

Und so geht's
Zwei Personen sitzen sich gegenüber. Jede der Personen hat jeweils eine Flasche vor sich stehen. Nun soll der Hund zur ersten Person laufen und die dort stehende Flasche umstupsen.

Er bekommt dann von dieser Person ein Leckerchen. Im Anschluss soll der Hund zur anderen Person laufen und dort die Flasche umstupsen, wofür er dort von dieser Person eine Belohnung bekommt.

Dieses Spiel ist ein tolles Spiel zum Vertrauensaufbau bei Angsthunden und als Mutprobe bei Hunden mit Geräuschängsten.

Diese Spiele sind sehr gut für Kinder geeignet.

Spiele in Gruppenarbeit

Die Aufgabe
Diese Gruppenspiele fördern die Impulskontrolle: Der Hund lernt zu warten, während ein Artgenosse eine Aktion ausführt. Warte- und Bleib-Training unter Ablenkung. Unendliche Spielvariationen sind möglich – werden Sie selbst kreativ.

Dafür benötigen Sie
> Die Mahlzeit Ihres Hundes oder kalorienarme Leckerchen
> Leere PET-Flaschen

Und so geht's
MIT ZWEI ODER MEHREREN HUNDEN: Die Hunde liegen in der Platz-Position. Nun schicken Sie den ersten Hund zur Flasche. Wenn der Hund sie umgestupst hat, kommt er zu Ihnen zurück und bekommt sein Leckerchen. Der Hund wird wieder in die Platz-Position gelegt. Jetzt schicken Sie den zweiten Hund zum Umstupsen der Flasche. Klappt dies, erhöhen Sie die Anzahl der Flaschen. Sie können die Flaschen in einer Linie hintereinander, alle Flaschen nebeneinander oder im Dreieck oder Viereck aufstellen. Ihrer Kreativität sind hier keine Grenzen gesetzt.

Schicken Sie einen Hund, während der andere im Platz-Bleib liegt, zur ersten Flasche. Holen Sie ihn zurück und nun schicken Sie den zweiten Hund zur nächsten Flasche. So arbeiten die Hunde die ganze Flaschen-Linie ab. Ein Hund ist immer in einer Warte-Position. Diese Vorgehensweise gilt auch für die Arbeit mit noch mehr Hunden. Die Hunde werden abwechselnd zu den Flaschen geschickt und wieder herangerufen. Wichtige Spielregel: Ein Hund wirft niemals alle Flaschen um. Er kommt nach einer Flasche sofort wieder zum Halter zurück.

Flaschenspiele macht auch mit mehreren Hunden gleichzeitig Spaß.

Während ein Hund die Aktion ausführt, wartet der andere im Hintergrund.

ACTIONSPIELE

Kombispiele mit Spaß

Viele dieser Spiele sind an langweiligen Schlechtwetter-Sonntagen entstanden. Und meine Hunde gaben den Anstoß dafür.

Motorikschleife
Dieses Spielgerät macht nicht nur Kleinkindern Spaß. Mein Sheltie Chestnut ist ein leidenschaftlicher Schleifen-Spieler.

Mini-Treibball
Das Mini-Treibballspiel habe ich auf einem Flohmarkt gefunden. Treibball, im ursprünglichen Sinn, ist sehr platzaufwändig. Man braucht große Bälle und viel Platz. Kleinhunde wie Chihuahua oder Papillon sind mit den großen Gymnastikbällen oft überfordert. Mini-Treibball ist hingegen für alle Hunde geeignet.

Röhrenspiel
Das Röhrenspiel ist im Winter nach sehr kalten Hundeschulstunden entstanden. Ich kam von zwei im Schneetreiben stattfindenden Hundestunden nach Hause und meine Hunde empfingen mich erwartungsvoll. Ich wollte mich aber erst etwas aufwärmen. So schnappte ich mir eine leere Posterrolle, drei Bälle, drei Hunde und setzte mich mit einer heißen Tasse Kaffee bewaffnet in unser Wohnzimmer und ließ die Hunde „mal machen". Inzwischen ist das eines unserer Lieblingsspiele.

Mögliche Einsatzgebiete

Kinder
Alle diese Spiele können von Kindern mit einem Hund gespielt werden, aber bitte nur unter Aufsicht.

Achten sie vor allem beim Treibball darauf, dass Ihr Kind und Ihre Fellnase nicht zu „überschwänglich" miteinander spielen.

Therapie
Für die Therapiearbeit sind diese Spiele weniger geeignet, da kein therapeutischer Effekt impliziert ist. Zum Spaß oder zur Aktivierung sind diese Spiele jedoch gut einsetzbar. Vor allem das Spiel „Struppi-Ball" ist für mobile Patienten gut geeignet.

Handicap-Hunde
Die Motorikschleife ist für taube und körperlich gehandicapte Hunde geeignet. Mini-Treibball, ein wunderbarer Spaß vor allem für sehr kleine Hunde, sollte auch von blinden Hunden bewältigt werden können. Das Röhrenspiel und das Sparschweinchen sind für taube Hunde geeignet.

Vertrauen
Alle Spiele dienen dem Vertrauensaufbau. Angst vor Gegenständen und/oder Geräuschen können so auf positive Weise abgebaut werden. Angsthunde können auch hier selbst entscheiden, wie nah sie sich an ihren menschlichen Mitspieler heran wagen.

„Und was spielen wir als nächstes?"

Die Motorikschleife

Die Aufgabe
Ihr Hund soll lernen, Klötzchen mit der Nase von einer Seite der sogenannten Motorikschleife auf die andere zu schieben.

Dafür benötigen Sie
> Die Mahlzeit Ihres Hundes oder kalorienarme Leckerchen
> Motorikschleife aus Holz (aus dem Spielzeughandel oder günstig vom Flohmarkt)

Und so geht's
Da ich ja ein großer Fan davon bin, Hunde selbst denken zu lassen, habe ich meinen Hunden die Motorikschleife einfach mal so „vorgesetzt". Am Anfang bekommt der Hund schon für das bloße Anstupsen der kleinen Holzklötzchen eine Belohnung. Dann wartet man einfach, wie der Hund weiterarbeitet. Sogar mein sonst nur mit den Pfoten arbeitender Sheltie hatte in kürzester Zeit verstanden, dass sich hier nur die Nasen-Arbeit lohnt.

Tipp, wenn's nicht klappt
Schieben Sie die Kugel auf die oberste Position auf der Motorikschleife und lassen Sie Ihren Hund die Kugel einfach nur nach unten schubsen.

Ihr Hund wird sehr schnell verstehen, dass es sich lohnt, mit der Nase zu arbeiten.

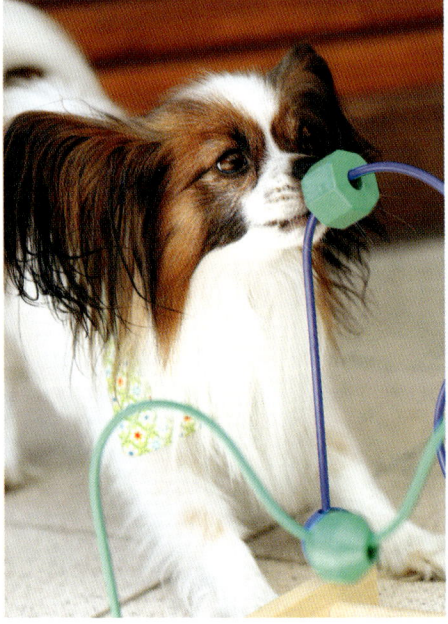

Hundenasen können mehr als nur riechen.

Mini-Treibball

Die Aufgabe
Ihr Hund soll lernen, einen Ball in einer flachen Schale im Kreis zu treiben.

Dafür benötigen Sie
> Die Mahlzeit Ihres Hundes oder kalorienarme Leckerchen
> Flache Schale

Und so geht's
Legen Sie einen Ball innen an den Rand oder die Rille der flachen Schale. Nun soll der Hund den Ball so anstupsen, dass er am inneren Rand im Kreis rollt. Dafür gibt's dann die wohlverdiente Belohnung. Der Hund darf den Ball jedoch nicht mit der Pfote berühren und auch nicht aufnehmen.

Tipp, wenn's nicht klappt
Stupsen Sie den Ball leicht an. Achten Sie darauf, dass der Hund wirklich nur mit der Nase arbeitet.

Manchmal hilft ein kleiner Fingerzeig.

Das Röhrenspiel

Die Aufgabe
Ihr Hund soll lernen, einen Ball in eine Röhre zu werfen, den Ball wiederzuholen und wieder durch die Röhre zu werfen.

Dafür benötigen Sie
> Die Mahlzeit Ihres Hundes oder kalorienarme Leckerchen
> Leere Posterrolle, einen oder mehrere Bälle

Und so geht's
Halten Sie eine Poster- oder Teppichrolle schräg in der Hand. Ihr Hund soll nun den Ball holen und in die Rolle werfen. Dafür bekommt er eine Belohnung.

Anschließend soll er den unten aus der Rolle herausgerollten Ball wieder holen und erneut durch die Rolle werfen. Der Hund bekommt immer dann eine Belohnung, wenn er das Loch der Rolle getroffen hat. Dieses Spiel können Sie auch durch den gesamten Raum spielen. Der Hund muss immer weiter von Ihnen weggehen.

Tipp, wenn's nicht klappt
Trainieren Sie mit Ihrem Hund den Trick „Aufräumen" (siehe Seite 32). Wenn Ihnen Ihr Hund etwas in die Hand geben kann, geht das sehr schnell.

Bälle sind nicht nur zum Werfen da. Man kann sie auch für Intelligenzspiele nutzen.

Ihr Hund soll den Ball durch die Röhre kullern und immer wieder zurückholen.

Das Sparschweinchen

Die Aufgabe
Ihr Hund soll lernen, Plastikmünzen in ein Sparschweinchen zu werfen.

Dafür benötigen Sie
> Die Mahlzeit Ihres Hundes oder kalorienarme Leckerchen
> Sparschweinchen mit großem Schlitz, größere Plastik-Münzen

Und so geht's
Für dieses Spiel sollte Ihr Hund bereits den Trick „Aufräumen" beherrschen (siehe Seite 32). Führen Sie den Spielablauf so wie unter „Aufräumen" beschrieben durch – nur, dass der Hund diesmal etwas feiner vorgehen muss: Er soll lernen, die Münze in den Sparschweinschlitz zu bugsieren. Dieses Spiel fördert die Motorik und das Feingefühl des Fanges Ihres Hundes.

Tipp, wenn's nicht klappt
Üben Sie mit Ihrem Hund den Trick „Aufräumen" (siehe Seite 32). Stecken Sie dann eine Münze zur Hälfte in den Schlitz des Sparschweins und trainieren Sie mit dem Hund, diese nach unten zu drücken.

Wenn der Hund „aufräumen" kann, kann er auch sein Sparschweinchen füllen.

Honey ist mit Feuereifer bei der Sache!

Actionspiele

Struppi-Ball

Dieses Spiel hat ein Hund erfunden: Struppi. Struppi war eine Steirische Rauhhaarbracke und mit seinem Frauchen in einem meiner Trickkurse. Eigentlich sollten die Vierbeiner lernen, einen kleinen Lastwagen, der mit Bällen beladen ist, zu ziehen. Struppi hatte jedoch andere Pläne: Er brachte uns aus der Bälle-Ladung des kleinen Lastwagens immer den gleichen Ball und gab ihn uns in die Hand. Da ich mich gerne von Hunden inspirieren lasse, habe ich diesen einen bestimmten Ball, den Struppi uns immer wieder brachte, zwischen ganz vielen anderen Bällen versteckt. Struppi fand zielsicher „seinen" Ball. Er bekam aber erst dann seine Belohnung, wenn er uns den Ball übergeben hatte. Dazu muss man sagen, dass Struppi damals schon blind und taub war. Seine Führung im Alltag erfolgte über Handtouch und Berührungen. Zu Hause habe ich das Spiel dann noch verfeinert und es „Struppi-Ball" genannt.

Die Aufgabe
Ihr Hund soll aus vielen Bällen immer den gleichen heraussuchen und Ihnen bringen.

Dafür benötigen Sie
> Die Mahlzeit Ihres Hundes oder kalorienarme Leckerchen
> Mehrere unterschiedliche Bälle
> Einen Hunde-Tennisball (keinen normalen Tennisball, denn diese habe eine für Hundezähne schädliche Beschichtung)
> Große Schachtel oder Wäschekorb

Und so geht's
Schneiden Sie in den Hunde-Tennisball einen Schlitz und stecken Sie ein Leckerchen in den Ball. Der Schlitz darf nur so groß sein, dass ihn der Hund nicht alleine öffnen kann. Nur Sie können durch Zusammendrücken des Balles den Schlitz öffnen und dem Hund das Leckerchen geben.
Verstecken Sie nun den „Struppi-Ball" (also den Ball mit dem Schlitz) zwischen den Bällen aus dem Bälle-Bad, die in der Schachtel oder dem Wäschekorb liegen. Nun motivieren Sie Ihren Hund, den Struppi-Ball zu suchen. Hat Ihr Hund ihn gefunden und Ihnen in die Hand gegeben, drücken Sie den Ball zusammen und geben Sie Ihrem Hund das Leckerchen aus dem Ball.

Ihr Hund sucht den richtigen Ball aus mehreren anderen heraus.

Kombispiele mit Spaß 87

Tipp, wenn's nicht klappt

Verstecken Sie den präparierten Ball unter weniger anderen Bällen. Belohnen Sie Ihren Hund vorher ein paar Mal aus dem Ball mit dem Schlitz. So lernt er, dass sich eben immer nur ein ganz bestimmter Ball für ihn lohnt.
WICHTIG: Der Hund sollte sich nicht selbst belohnen können. Ihr Hund soll Ihnen den Ball immer bringen und geben, erst dann bekommt er sein Leckerchen aus dem Ball. Ihr Hund soll ja mit Ihnen spielen und sich nicht alleine mit dem Ball beschäftigen. Dieses Spiel ist als sogenanntes Tauschspiel gut für Hunde geeignet, die ungern Spielzeuge wieder hergeben.

Variation

Sie können den Struppi-Ball natürlich auch unter anderen diversen Spielzeugen oder Plüschtieren verstecken. Er kann auch im Haus oder der Wohnung versteckt werden. Auch für draußen ist das Ball-Suchspiel geeignet: Verstecken Sie den Ball im Gebüsch, etwas erhöht auf einem Baum oder einfach in der Wiese. Sie können dieses Spiel auch wieder mit mehreren Hunden gleichzeitig spielen. Während ein Hund den Ball sucht, müssen die anderen warten und sich ruhig verhalten.

Nur in Zusammenarbeit mit dem Spielpartner Mensch kommt der Hund zum Erfolg.

Spielemix

Die Aufgabe
Sie und Ihr Hund vermischen einige Spiele aus dem Buch.

Dafür benötigen Sie
> Die Mahlzeit Ihres Hundes oder kalorienarme Leckerchen
> Spielmaterial nach Lust und Laune aus den bisher beschriebenen Spielen

Und so geht's
Alle im Buch beschriebenen Spiele können beliebig kombiniert und vermischt werden. Auch die Reihenfolge, in denen Sie die Spiele und Aktionen erlernen, bleibt im Großen und Ganzen Ihnen überlassen (Ausnahmen werden bei den Spielen erwähnt). Die Touchspiele können auch von Anfängern gut kombiniert werden: Vermischen Sie Bilder, Karten, Spielsachen und Haushaltsgegenstände miteinander. Kombinieren Sie auch die Kartenspiele mit den Flaschenspielen: Es könnte das erlernte Bild oder eine Farbkarte an einer Flasche befestigt werden. Der Hund muss nun Flaschen mit Bildern

Kombinieren Sie Becher und Teller.

Sam arbeitet verschiedene Aufgaben ab.

Kombispiele mit Spaß

oder Farbkarten in einer bestimmten Reihenfolge umwerfen.

Schöne Kombinationen kann man aus den Korkenspielen kreieren: Becher und Teller werden gleichzeitig verwendet. Die Aufgabe Ihres Hundes könnte sein, die Korken in einer bestimmen Reihenfolge von den Tellern in die Becher zu legen. Oder Sie stellen sie abwechselnd mit Bechern und Tellern in eine Reihe. Der Hund soll dort nun die jeweiligen erlernten Aktionen abarbeiten.

Für fortgeschrittene Einstein-Hunde kann man das Geometrie-Spiel mit der Klingel und der Lampe kombinieren: Die Klingel, Lampe und die Formen liegen auf dem Boden, nun soll Ihr Hund alle Posten abarbeiten, wobei er immer das richtige Körperteil einsetzt. Also bei der Klingel die Nase, bei der Lampe die Pfote, beim Kreis wieder die Nase und beim Viereck wieder die Pfote usw.

ACHTUNG: Bedenken Sie, dass Ihr Hund für den Spielemix die einzelnen Aktionen erst sorgfältig erlernen muss. Üben Sie für den Spielemix also jedes Spiel erst ausgiebig einzeln ein. Kombinieren Sie Bilder und Farben, haben natürlich auch im Spielemix immer die gleichen Bilder und Farben Erfolg, die Ihr Hund schon gelernt hat.

Tipp, wenn's nicht klappt

Üben Sie die beschriebenen Spiele noch einmal einzeln ein. Machen Sie keine zu großen Lernschritte. Ist Ihr Hund unsicher, gehen Sie lieber eine Lerneinheit zurück. Die Spiele sollen bei Hunden keine Unsicherheiten oder Frust verursachen.

ISehr konzentriert ist er bei der Sache ...   ... und findet von alleine die richtige Lösung.

Einige Worte zum Schluss

Ob Sie das Buch nun von vorne bis hinten durcharbeiten oder sich mit Ihrem Hund nur einzelne Spiele herauspicken möchten: Geben Sie ihm die Zeit, die er braucht, um die Spiele zu verstehen. Sie werden beide viel Spaß damit haben!

Was dieses Buch erreichen soll

Lassen Sie Ihren Hund auch einmal selbst denken und genießen Sie es, ihm dabei zuzusehen. Sagen Sie Ihrem Hund nicht immer alles vor. Sie werden verblüfft sein, wie schnell Ihr Hund eine Lösung des Problems findet. Geben Sie ihm die Chance dazu!

Meist geben Menschen viel zu schnell auf, warten die eventuell eine letzte Minute nicht ab, die der Hund noch bräuchte. Oder sie trauen ihrem Vierbeiner die Lösung schlicht nicht zu. Das ist sehr schade. Stellen Sie sich doch einfach mal vor, Sie lösen ein Kreuzworträtsel: Das dauert auch seine Zeit und es gibt vielleicht sogar Fragen, die Sie „zurückstellen", um später noch einmal genauer darüber nachzudenken.

Die Spiele in diesem Buch sind unabhängig von Rasse, Alter oder Handicap für alle Hunde eine große Bereicherung. Vielleicht kennen Sie ja schon mein erstes Buch „Hundetraining ohne Worte – Führen mit der leeren Hand", das im Jahr 2014 im Verlag Eugen Ulmer erschienen ist. Das vorliegende Buch kann als Fortsetzung der im ersten Buch beschriebenen Methodik gesehen werden. In Kombination können Ihnen beide Bücher dabei helfen, eine enge, gefestigte Bindung zu Ihrem Vierbeiner aufzubauen: partnerschaftlich, vertrauensvoll, im Team – mit viel Liebe und vor allem mit noch mehr Spaß!

Führen mit der leeren Hand

Falls Sie das „Hundetraining ohne Worte" noch nicht kennen sollten, möchte ich Ihnen das Buch wirklich sehr ans Herz legen. Da auch die Spiele im vorliegenden Buch eher ohne Worte auskommen, hier noch einige Tipps zum Training ohne Worte:

Beim Hundetraining ohne Worte lernt Ihr Hund, der leeren Hand zu folgen. Setzen Sie sich zu Ihrem Hund und halten Sie sein Futter bereit. Nun bieten Sie ihm die leere Hand, seitlich an die Nase gehalten, an. Ihr Hund wird sich sehr schnell für die Hand interessieren und sobald er die Hand, anfangs vielleicht nur zufällig, mit der Nase berührt, bekommt er einen Futterbrocken. Der Hund soll sich so seine komplette Mahlzeit „erarbeiten", indem er sich auf Sie konzentriert. Bieten Sie ihm deshalb abwechselnd die rechte und die linke Hand an. Hat Ihr Hund das Prinzip verstanden, und das geht meist schneller als Sie denken, kann Ihre Hand Ihr einziges Hilfsmittel bei der Hundeerziehung werden. Ihr Vierbeiner lernt, Ihnen ohne Worte zu folgen. Ein tolle Sache!

Service

Über die Autorin
Meine Hundeschule Naseweiß habe ich im Jahr 2003 vor allem mit dem Ziel eröffnet, neue Wege in der Erziehung und Beschäftigung unserer Hunde zu gehen. Bindungs-, Beziehungs- und Vertrauenstraining stehen bei mir an erster Stelle. Seit 2006 gebe ich Kurse im Hundesport-Hotel Wolf in Oberammergau. Unter anderem zu den Themen Beziehung und Erziehung, Dog Dance, Longieren, Trick-Dogging und den etwas anderen Intelligenzspielen „Einstein auf vier Pfoten".

Ich bin Mitglied im VDH (Verband für das Deutsche Hundewesen), im Berufsverband der Hundepsychologen nach Thomas Riepe und im Deutschen Collie-Club.

Dank der Autorin
Danke an den Ulmer Verlag, der sich mit mir auf das Abenteuer „Einstein-Spiele" eingelassen hat. Es dürfte so ziemlich einmalig auf dem Spielebüchermarkt sein und ist eindeutig nicht mit anderen Spielebüchern vergleichbar.

Vielen Dank an alle, die mich bei diesem Projekt wieder so geduldig unterstützt haben: meine Fotomodelle, mein Mann, meine Eltern.

Der größte Dank gilt diesmal aber den Hunden Amy, Chestnut, Chuck, Happy, Honey Bee, Funny, Ida, Metchley, Sam, Smartie. Sie alle waren auch nach vielen Stunden Fotoshooting noch immer hochmotiviert. Ich bin wirklich stolz auf euch!

Zum Weiterlesen
del Amo, Celina: Abenteuer für Hunde. Spiel und Spaß unterwegs. Verlag Eugen Ulmer, Stuttgart 2011

del Amo, Celina: Spiel- und Spaßschule für Hunde. Über 200 Spiele, Tricks und Übungen. Verlag Eugen Ulmer, Stuttgart 2012

del Amo, Celina: Spielschule für Hunde. 117 Tricks und Übungen. Verlag Eugen Ulmer, Stuttgart 2010

del Amo, Celina/Viviane Theby (Hrsg.): Handbuch für Hundetrainer. Verlag Eugen Ulmer, Stuttgart 2014

Durch's gemeinsame Spielen werden Sie und Ihr Hund ein gutes Team!

Gröning, Pia: Spiele und Action für Jagdhunde. Retriever, Weimaraner, Beagle & Co. rassegerecht beschäftigen. Verlag Eugen Ulmer, Stuttgart 2015

Ingenbrand, Udo: Hundetraining mit Pfiff. Erziehung mit der Hundepfeife. Verlag Eugen Ulmer, Stuttgart 2015

Jakob, Anja: Hundespiele für zu Hause. Denksport, Tricks und Spiele. Verlag Eugen Ulmer, Stuttgart 2013

Lenz, Corinna: Großer Spaß für kleine Hunde. Tricks & Spiele für Chihuahua, Jack Russell Terrier, Mops & Co. Verlag Eugen Ulmer, Stuttgart 2015

Lenz, Corinna: Hundespielzeug einfach selber machen. Verlag Eugen Ulmer, Stuttgart 2013

Mahnke, Karina: Powerspiele für Hütehunde. Border Collie, Australian Shepherd & Co. rassegerecht beschäftigen. Verlag Eugen Ulmer, Stuttgart 2014

Rauch, Liane: Hundetraining ohne Worte. Führen mit der leeren Hand. Verlag Eugen Ulmer, Stuttgart 2014

Schaal, Monika/ Ursula Daugschieß-Thumm: Ideen und Spiele für Hundegruppen. Hundekurse sinnvoll gestalten. Verlag Eugen Ulmer, Stuttgart 2010

Sondermann, Christina: KauSpielSpaß für Hunde. Leckere Beschäftigungsideen einfach selbst gemacht. Verlag Eugen Ulmer, Stuttgart 2014

Sundance, Kyra: 10-Minuten-Spiele für Hunde. Verlag Eugen Ulmer, Stuttgart 2012

Sundance, Kyra: 101 Hundetricks für Kids. Kinderleichte Tricks, Spiele und Basteleien. Verlag Eugen Ulmer, Stuttgart 2014

Sundance, Kyra: 51 Tricks für junge Hunde. Spiel und Spaß für Welpen und Junghunde. Verlag Eugen Ulmer, Stuttgart 2012

Weiß, Cordula: Hundespiele für unterwegs. Denksport, Tricks und Spiele. Verlag Eugen Ulmer, Stuttgart 2015

Bildquellen

Alle Fotos im Buch und auf dem Umschlag stammen von Silke Kleewitz-Seemann.

Impressum

Die in diesem Buch enthaltenen Empfehlungen und Angaben sind von der Autorin mit größter Sorgfalt zusammengestellt und geprüft worden. Eine Garantie für die Richtigkeit der Angaben kann aber nicht gegeben werden. Autorin und Verlag übernehmen keinerlei Haftung für Schäden und Unfälle. Der Leser sollte bei der Anwendung der in diesem Buch enthaltenen Empfehlungen sein persönliches Urteilsvermögen einsetzen.

Bibliografische Information der Deutschen Nationalbibliothek
Die Deutsche Nationalbibliothek verzeichnet diese Publikation in der Deutschen Nationalbibliografie; detaillierte bibliografische Daten sind im Internet über http://dnb.d-nb.de abrufbar.

Das Werk einschließlich aller seiner Teile ist urheberrechtlich geschützt. Jede Verwertung außerhalb der engen Grenzen des Urheberrechtsgesetzes ist ohne Zustimmung des Verlages unzulässig und strafbar. Das gilt insbesondere für Vervielfältigungen, Übersetzungen, Mikroverfilmungen und die Einspeicherung und Verarbeitung in elektronischen Systemen.

Hinweis: Der Verlag Eugen Ulmer ist nicht verantwortlich für die Inhalte der im Buch genannten Websites.

© 2016 Eugen Ulmer KG
Wollgrasweg 41, 70599 Stuttgart (Hohenheim)
E-Mail: info@ulmer.de
Internet: www.ulmer-verlag.de
Lektorat: Silke Behling
Layout, Herstellung und DTP: Anna-Lena Zeller
Reproduktionen: TimeRay, Herrenberg
Umschlagentwurf: Atelier Reichert, Stuttgart
Druck und Bindung: Westermann Druck GmbH, Zwickau
Printed in Germany

ISBN 978-3-8001-0820-6

Hier können Sie weiterlesen:

- Für mehr Mensch-Hund-Harmonie: Die Bindung stärken
- Leichter geht's nicht: Die Hand als Führhilfe einsetzen
- Das innovative Erziehungskonzept für jede Gelegenheit

Hundetraining ohne Worte.
Führen mit der leeren Hand. Liane Rauch. 2014. 96 Seiten, 92 Farbfotos, Klappenbroschur. ISBN 978-3-8001-8200-8.

Eine vertrauensvolle Mensch-Hund-Beziehung ist die Basis für eine erfolgreiche Erziehung. Die Autorin zeigt, wie man diese aufbaut und festigt. Trainings-Basics: Bei der Handtouch-Arbeit lernt der Hund, der leeren Hand des Halters zu folgen. Egal, ob an der Leine, bei Fuß oder im Slalom um die Beine. Was Sie dazu brauchen? Ihren Hund und Ihre Hand - mehr nicht. Erfahren Sie, wie wichtig Blickkontakttraining ist und wie Sie Ihren Hund auch unter Ablenkung auf sich konzentrieren können. Viele bebilderte Übungen zeigen, wie's geht.

 Ganz nah dran.